超值版

AutoCAD
2016
入门与提高

 龙马高新教育 编著

U0251462

人民邮电出版社

北京

图书在版编目（CIP）数据

AutoCAD 2016入门与提高：超值版 / 龙马高新教育
编著. -- 北京：人民邮电出版社，2017.4（2017.10重印）
ISBN 978-7-115-45073-9

Ⅰ. ①A… Ⅱ. ①龙… Ⅲ. ①AutoCAD软件 Ⅳ.
①TP391.72

中国版本图书馆CIP数据核字(2017)第035928号

内 容 提 要

本书通过精选案例引导读者深入学习，系统地介绍了 AutoCAD 2016 的相关知识和应用技巧。

全书共 14 章。第 1~2 章主要介绍 AutoCAD 2016 的基础知识和基本设置等；第 3～10 章主要介绍图形的绘制方法，包括绘制与编辑二维图形、文字与表格、尺寸标注、图块与属性、图层、绘制和编辑三维图形以及渲染等；第 11 章主要介绍工程图的生成及打印方法等；第 12～13 章通过实战案例，介绍减速器箱体以及建筑三维模型的绘制方法等；第 14 章主要介绍 AutoCAD 的实战秘技，包括 AutoCAD 与 Photoshop 协作绘图的方法，以及在手机及平板电脑中编辑 AutoCAD 图形的方法等。

在本书附赠的 DVD 多媒体教学光盘中，包含了与图书内容同步的教学录像及所有案例的配套素材和结果文件。此外，还赠送了大量相关学习内容的教学录像及扩展学习电子书等。

本书不仅适合 AutoCAD 2016 的初、中级用户学习使用，也可以作为各类院校相关专业学生和计算机培训班学员的教材或辅导用书。

◆ 编　　著　龙马高新教育
　　责任编辑　张　翼
　　责任印制　彭志环

◆ 人民邮电出版社出版发行　　北京市丰台区成寿寺路 11 号
　　邮编　100164　　电子邮件　315@ptpress.com.cn
　　网址　http://www.ptpress.com.cn
　　北京九州迅驰传媒文化有限公司印刷

◆ 开本：700×1000　1/16
　　印张：15
　　字数：350 千字　　　　　　　　　2017 年 4 月第 1 版
　　印数：2 501 – 2 800 册　　　　　　2017 年 10 月北京第 2 次印刷

定价：29.80 元(附光盘)

读者服务热线：(010)81055410　印装质量热线：(010)81055316
反盗版热线：(010)81055315
广告经营许可证：京东工商广登字 20170147 号

前言 PREFACE

随着社会信息化的不断普及，计算机已经成为人们工作、学习和日常生活中不可或缺的工具，而计算机的操作水平也成为衡量一个人综合素质的重要标准之一。为满足广大读者的实际应用需要，我们针对不同学习对象的接受能力，总结了多位计算机高手、国家重点学科教授及计算机教育专家的经验，精心编写了这套"入门与提高"系列图书。本套图书面市后深受读者喜爱，为此我们特别推出了对应的单色超值版，以便满足更多读者的学习需求。

✍ 写作特色

✑ 从零开始，循序渐进

无论读者是否从事计算机相关行业的工作，是否接触过 AutoCAD 2016，都能从本书中找到最佳的学习起点，循序渐进地完成学习过程。

✑ 紧贴实际，案例教学

全书内容均以实例为主线，在此基础上适当扩展知识点，真正实现学以致用。

✑ 紧凑排版，图文并茂

紧凑排版既美观大方又能够突出重点、难点。所有实例的每一步操作均配有对应的插图和注释，以便读者在学习过程中能够直观、清晰地看到操作过程和效果，提高学习效率。

✑ 单双混排，超大容量

本书采用单、双栏混排的形式，大大扩充了信息容量，从而在有限的篇幅中为读者奉送更多的知识和实战案例。

✑ 独家秘技，扩展学习

本书在每章的最后，以"高手私房菜"的形式为读者提炼了各种高级操作技巧，为知识点的扩展应用提供了思路。

✑ 书盘结合，互动教学

本书配套的多媒体教学光盘内容与书中知识紧密结合并互相补充。在多媒体光盘中，我们模拟工作、生活中的真实场景，通过互动教学帮助读者体验实际应用环境，从而全面理解知识点的运用方法。

◎ 光盘特点

✑ 10 小时全程同步教学录像

本书配套光盘涵盖本书所有知识点的同步教学录像，详细讲解每个实战案例的操作过程及关键步骤，帮助读者更轻松地掌握书中所有的知识内容和操作技巧。

✑ 超值学习资源大放送

除了与图书内容同步的教学录像外，光盘中还赠送了大量相关学习内容的教学录像、扩展学习电子书及本书所有案例的配套素材和结果文件等，以方便读者扩展学习。

◎ 配套光盘运行方法

（1）将光盘放入光驱中，几秒钟后系统会弹出【自动播放】对话框。

（2）单击【打开文件夹以查看文件】链接打开光盘文件夹，用鼠标右键单击光盘文件夹中的 MyBook.exe 文件，在弹出的快捷菜单中选择【以管理员身份运行】菜单项，打开【用户账户控制】对话框，单击【是】按钮，光盘即可自动播放。

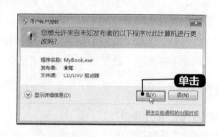

（3）光盘运行后会首先播放片头动画，之后进入光盘的主界面。其中包括【课堂再现】、【龙马高新教育 APP 下载】、【支持网站】3个学习通道和【素材文件】、【结果文件】、【赠送资源】、【帮助文件】、【退出光盘】5个功能按钮。

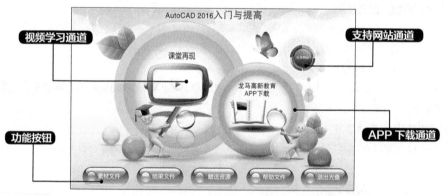

（4）单击【课堂再现】按钮，进入多媒体同步教学录像界面。在左侧的章号按钮上单击鼠标左键，在弹出的快捷菜单上单击要播放的节名，即可播放相应的教学录像。

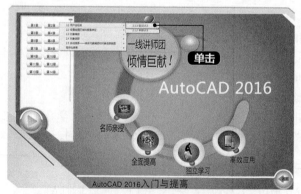

（5）单击【龙马高新教育 APP 下载】按钮，在打开的文件夹中包含有龙马高新教育的 APP 安装程序，可以使用 360 手机助手、应用宝将程序安装到手机中，也可以将安装程序传输到手机中进行安装。

（6）单击【支持网站】按钮，用户可以访问龙马高新教育的支持网站，在网站中进行交流学习。

（7）单击【素材文件】、【结果文件】、【赠送资源】按钮，可以查看对应的文件和学习资源。

（8）单击【帮助文件】按钮，可以打开"光盘使用说明.pdf"文档，该说明文档详细介绍了光盘在电脑上的运行环境和运行方法。

（9）单击【退出光盘】按钮，即可退出本光盘系统。

📱 龙马高新教育 APP 使用说明

（1）下载、安装并打开龙马高新教育 APP，可以直接使用手机号码注册并登录。在【个人信息】界面，用户可以订阅图书类型、查看问题及添加的收藏、与好友交流、管理离线缓存、反馈意见并更新应用等。

（2）在首页界面单击顶部的【全部图书】按钮，在弹出的下拉列表中可查看订阅的图书类型，在上方搜索框中可以搜索图书。

（3）进入图书详细页面，单击要学习的内容即可播放视频。此外，还可以发表评论、收藏图书并离线下载视频文件等。

（4）首页底部包含4个栏目：在【图书】栏目中可以显示并选择图书，在【问同学】栏目中可以与同学讨论问题，在【问专家】栏目中可以向专家咨询，在【晒作品】栏目中可以分享自己的作品。

 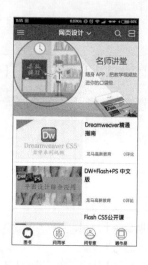

创作团队

本书由龙马高新教育策划，孔长征任主编，李震、赵源源任副主编。参与本书编写、资料整理、多媒体开发及程序调试的人员有孔万里、周奎奎、张任、张田田、尚梦娟、李彩红、尹宗都、王果、陈小杰、左琨、邓艳丽、崔姝怡、侯蕾、左花苹、刘锦源、普宁、王常吉、师鸣若、钟宏伟、陈川、刘子威、徐永俊、朱涛和张允等。

在本书的编写过程中，我们竭尽所能地将最好的内容呈现给读者，但也难免有疏漏和不妥之处，敬请广大读者不吝指正。读者在学习过程中有任何疑问或建议，可发送电子邮件至 zhangyi@ptpress.com.cn。

编者

目录 CONTENTS

第1章 AutoCAD 2016入门

本章视频教学时间
31分钟

第 2 章 AutoCAD的基本设置

本章视频教学时间
27分钟

第 3 章 绘制二维图形

本章视频教学时间
49分钟

第 4 章　编辑二维图形图像

本章视频教学时间
1 小时 17 分钟

第 5 章　文字与表格

本章视频教学时间
32 分钟

第 6 章 尺寸标注

本章视频教学时间
25 分钟

第 7 章 图块与属性

本章视频教学时间
18 分钟

第 8 章 图层

本章视频教学时间
16 分钟

第 9 章 绘制和编辑三维图形

本章视频教学时间
1 小时 22 分钟

第 10 章 渲染

本章视频教学时间
24 分钟

第 11 章 工程图生成及打印

本章视频教学时间
19 分钟

第 12 章 机械设计案例——绘制减速器箱体

本章视频教学时间
55 分钟

第 13 章 建筑设计案例——绘制建筑三维模型

本章视频教学时间
34 分钟

第 14 章 实战秘技

本章视频教学时间
16 分钟

◉ DVD 光盘附赠资源

✐ 扩展学习库

- ➤ AutoCAD 2016 常用命令速查手册
- ➤ AutoCAD 2016 快捷键查询手册

✐ 教学视频库

- ➤ AutoCAD 2016 软件安装教学录像
- ➤ 3 小时 AutoCAD 建筑设计教学录像
- ➤ 6 小时 AutoCAD 机械设计教学录像

- ➤ 8 小时 AutoCAD 室内装潢设计教学录像
- ➤ 9 小时 Photoshop CC 教学录像
- ➤ 5 小时 3ds Max 教学录像

✐ 设计源文件库

- ➤ 100 套 AutoCAD 设计源文件
- ➤ 110 套 AutoCAD 行业图纸
- ➤ 50 套精选 3ds Max 设计源文件

第1章

AutoCAD 2016入门

本章视频教学时间：31分钟

重点导读

要学习好AutoCAD，首先就需要对AutoCAD有清晰的认识，知晓AutoCAD主要应用在哪些行业，熟悉其特色功能和文件管理等。本章将对AutoCAD 2016的入门知识进行详细介绍。

学习效果图

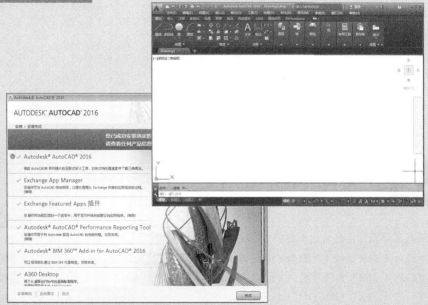

1.1 认识AutoCAD 2016

本节视频教学时间 / 2分钟

AutoCAD 2016是Autodesk公司最新发布的绘图设计软件，CAD（Computer Aided Design）的含义是指计算机辅助设计，是计算机技术的一个非常重要的应用领域。AutoCAD是美国Autodesk公司开发的一款交互式绘图软件，是用于二维及三维设计、绘图的系统工具。

AutoCAD是目前世界上应用最广泛的CAD软件之一，AutoCAD软件具有以下特点。

（1）具有完善的图像绘制功能。

（2）具有强大的图像编辑功能。

（3）可以采用多种方式进行二次开发或用户定制。

（4）可以进行多种图形格式的转换，具有较强的数据交换能力。

（5）支持多种硬件设备。

（6）支持多种操作系统。

（7）具有通用性、易用性，适用于各类用户。

近几年来，Autodesk公司对AutoCAD软件不断进行改进和完善，使其功能日益强大。AutoCAD已经从最初简易的二维绘图软件发展到现在集三维设计、真实感显示、通用数据库管理及互联网通信为一体的通用计算机辅助绘图软件包。它与3ds Max、Lightscape和Photoshop等渲染处理软件相结合，能够实现具有真实感的三维透视和动画图形。

1.2 安装与启动AutoCAD 2016

本节视频教学时间 / 5分钟

图形是工程设计人员表达思想和交流技术的工具。随着CAD技术的飞速发展和普及，越来越多的工程设计人员开始使用计算机绘制各种图形，从而解决了传统手工绘图中存在的效率低、绘图准确度差及劳动强度大等问题。在目前的计算机绘图领域，AutoCAD是使用最为广泛的软件之一。

AutoCAD具有易于掌握、使用方便、体系结构开放等优点，具有能够绘制二维图形与三维图形、渲染图形以及打印输出图纸等功能。

1.2.1 对计算机的配置要求

AutoCAD 2016对用户（非网络用户）的计算机最低配置要求见下表（本表针对32位机）。

说 明	计算机需求
操作系统	Microsoft ® Windows ® 8/8.1 Microsoft Windows 8/8.1 pro Microsoft Windows 8/8.1 Enterprise Microsoft Windows 7 Enterprise Microsoft Windows 7 Ultimate Microsoft Windows 7 Professional Microsoft Windows 7 Home Premium
处理器	● 用于 32 位 AutoCAD 2016： 32 位 Intel ® Pentium ® 4 或 AMD Athlon ™ 双核，3.0 GHz 或更高，采用 SSE2 技术 ● 对于 64 位 AutoCAD 2016： AMD Athlon 64，采用 SSE2 技术 AMD Opteron ™，采用 SSE2 技术 带有 Intel EM64T 支持并采用 SSE2 技术的 Intel ® Xeon ® Intel Pentium 4，具有 Intel EM64T 支持并采用 SSE2 技术
内存	2 GB RAM（建议使用 8 GB）
显示器分辨率	1024像素 × 768像素（建议使用 1600像素×1050 像素 或更高）真彩色
磁盘空间	安装 6.0 GB
浏览器	Windows Internet Explorer 9 （或更高版本）
.NET Framework	.NET Framework 4.50版本
三维建模的其他需求	Intel Pentium 4 处理器或 AMD Athlon 3.0 GHz 或更高，采用 SSE2 技术；Intel 或 AMD Dual Core 处理器，2.0 GHz 或更高版本 8 GB RAM或更高 6 GB 可用硬盘空间（不包括安装所需要的空间） 1280像素× 1024像素真彩色视频显示适配器，128 MB 或更高，Pixel Shader 3.0 或更高版本，支持 Direct3D® 功能的工作站级图形卡

1.2.2 安装AutoCAD 2016

安装AutoCAD 2016的具体操作步骤如下。

1 双击光盘文件

将AutoCAD 2016安装光盘放入光驱中，系统会自动弹出【安装初始化】进度窗口。如果没有自动弹出，双击【我的电脑】中的光盘图标即可，或者双击安装光盘内的setup.exe文件。

2 单击【安装】按钮

安装初始化完成后，系统会弹出安装向导主界面，选择安装语言后单击【安装　在此计算机上安装】按钮。

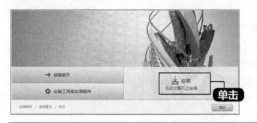

3 单击【下一步】按钮

确定安装要求后，会弹出【许可协议】界面，选中【我接受】单选按钮后，单击【下一步】按钮。

4 输入序列号和密钥

在【产品信息】界面中的【产品信息】组中，选中【我有我的产品信息】单选按钮，并且输入产品序列号和产品密钥，单击【下一步】按钮。

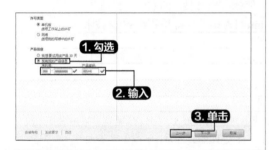

5 选择安装组件

在【配置安装】界面中，选择要安装的组件以及安装软件的目标位置后单击【安装】按钮。

6 显示各个组件的安装进度

在【安装进度】界面中，显示各个组件的安装进度。

7 退出安装向导界面

AutoCAD 2016安装完成后，在【安装完成】界面中单击【完成】按钮，退出安装向导界面。

提示　成功安装AutoCAD 2016后，还应进行产品注册。

1.2.3　启动与退出AutoCAD 2016

在【开始】菜单中选择【所有程序】➤【Autodesk】➤【AutoCAD 2016-Simplified Chinese】➤【AutoCAD 2016】命令，或者双击桌面上的快捷图标，均可启动AutoCAD软件。

1 查看操作

在启动AutoCAD 2016，弹出【开始】界面。如下图所示。用户可以执行打开文件、打开最近使用文档、查看通知以及登录A360等操作。

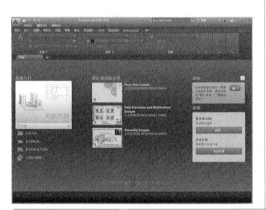

2 进入AutoCAD 2016工作界面

单击【开始绘制】按钮或【新图形】按钮，即可在新建绘图床后进入AutoCAD 2016工作界面，如下图所示。

如果需要退出AutoCAD 2016，可以使用以下5种方法。

（1）在命令行中输入"QUIT"命令，按【Enter】键确定。

（2）单击【应用程序菜单】按钮，在弹出的菜单中单击【退出Autodesk AutoCAD 2016】按钮。

（3）单击标题栏中的【关闭】按钮，或在标题栏空白位置处单击鼠标右键，在弹出的下拉菜单中选择【关闭】选项。

（4）使用快捷键【Alt+F4】也可以退出AutoCAD 2016。

（5）双击【应用程序菜单】按钮。

1.3 AutoCAD 2016的工作界面

本节视频教学时间 / 13分钟

AutoCAD 2016的界面由应用程序菜单、标题栏、快速访问工具栏、菜单栏、功能区、命令窗口、绘图区和状态栏组成，如下图所示。

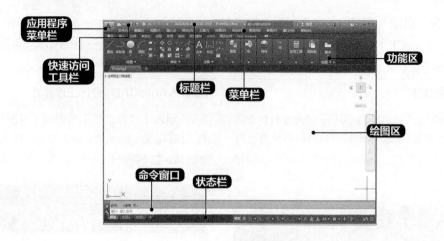

1.4 AutoCAD图形文件管理

本节视频教学时间 / 6分钟

在AutoCAD中，图形文件管理一般包括创建新文件、打开图形文件、保存文件及关闭图形文件等。以下分别介绍各种图形文件管理操作。

1.4.1 新建图形文件

AutoCAD 2016中的【新建】功能用于创建新的图形文件。

【新建】命令的几种常用调用方法如下。

（1）选择【文件】➤【新建】菜单命令。

（2）单击快速访问工具栏中的【新建】按钮 。

（3）在命令行中输入【NEW】命令并按【Enter】键确认。

（4）单击【标准】工具栏中的【新建】按钮 。

（5）单击【应用程序菜单】按钮 ，然后选择【新建】➤【图形】菜单命令。

（6）使用【Ctrl+N】组合键。

在【菜单栏】中选择【文件】➤【新建】菜单命令，弹出【选择样板】对话框，如下图所示。

1.4.2 打开图形文件

AutoCAD 2016中的【打开】功能用于打开现有的图形文件。

【打开】命令的几种常用调用方法如下。

（1）选择【文件】➤【打开】菜单命令。

（2）单击快速访问工具栏中的【打开】按钮。

（3）在命令行中输入【OPEN】命令并按【Enter】键确认。

（4）单击【标准】工具栏中的【打开】按钮。

（5）单击【应用程序菜单】按钮，然后选择【打开】➤【图形】菜单命令。

（6）使用【Ctrl+O】组合键。

在【菜单栏】中选择【文件】➤【打开】菜单命令，弹出【选择文件】对话框，如右图所示。

选择要打开的图形文件，单击【打开】按钮即可打开该图形文件。

1.4.3 保存图形文件

AutoCAD 2016中的【保存】功能用于使用指定的默认文件格式保存当前图形。

【保存】命令的几种常用调用方法如下。

（1）选择【文件】➤【保存】菜单命令。

（2）单击快速访问工具栏中的【保存】按钮。

（3）在命令行中输入【QSAVE】命令并按【Enter】键确认。

（4）单击【标准】工具栏中的【保存】按钮。

（5）单击【应用程序菜单】按钮，然后选择【保存】命令。

（6）使用【Ctrl+S】组合键。

在菜单栏中选择【文件】➤【保存】菜单命令，在图形第一次被保存时会弹出【图形另存为】对话框，如右图所示，需要用户确定文件的保存位置及文件名。如果图形已经被保存过，只是在原有图形基础上重新对图形进行保存，则直接保存而不弹出【图形另存为】对话框。

1.4.4 关闭图形文件

AutoCAD 2016中的【关闭】功能用于关闭当前图形。

【关闭】命令的几种常用调用方法如下。

（1）选择【文件】➤【关闭】菜单命令。

（2）在绘图窗口中单击【关闭】按钮。

（3）在命令行中输入【CLOSE】命令并按【Enter】键确认。

（4）单击【应用程序菜单】按钮，然后选择【关闭】➤【当前图形】菜单命令。

在菜单栏中选择【文件】➤【关闭】菜单命令，弹出【保存】窗口，如右图所示。单击【是】按钮，AutoCAD会保存改动后的图形并关闭该图形；单击【否】按钮，将不保存图形并关闭该图形；单击【取消】按钮，将放弃当前操作。

1.5 实战演练——绘制清洗池

本节视频教学时间 / 2分钟

下面将综合利用命令行及动态输入命令调用方式对清洗池进行绘制，具体操作步骤如下。

1 打开素材文件

打开随书光盘中的"素材\ch01\清洗池.dwg"文件。

2 命令行输入

在命令行输入"C"并按【Enter】键确认。

命令: C ✓

4 命令行提示

命令行提示如下。

指定圆的半径或 [直径(D)]: 20 ✓

5 效果图

效果如下图所示。

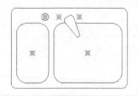

7 输入"20"作为圆的半径

在命令行输入"20"作为圆的半径，并按【Enter】键确认。效果如右图所示。

3 捕捉节点作为圆的圆心

在绘图区域中捕捉下图所示节点作为圆的圆心。

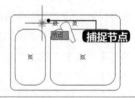

6 捕捉节点作为圆的圆心

重复【圆】命令，在绘图区域中捕捉下图所示的节点作为圆的圆心。

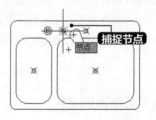

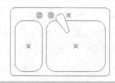

8 捕捉节点作为圆的圆心

重复【圆】命令，在绘图区域中捕捉下图所示的节点作为圆的圆心。

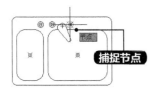

9 输入"20"作为圆的半径

在命令行输入"20"作为圆的半径，并按【Enter】键确认。效果如下图所示。

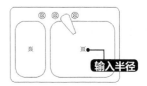

10 启用动态输入功能

按【F12】键启用动态输入功能，然后在动态输入窗口中输入"C"并按【Enter】键确认。

11 捕捉节点作为圆的圆心

在绘图区域中捕捉下图所示的节点作为圆的圆心。

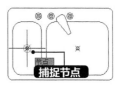

12 输入圆的半径值

在动态输入窗口中输入圆的半径值并按【Enter】键确认。

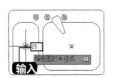

13 效果图

效果如下图所示。

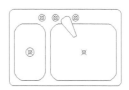

14 捕捉节点作为圆的圆心

在动态输入窗口中输入"C"并按【Enter】键确认，然后在绘图区域中捕捉下图所示的节点作为圆的圆心。

15 输入圆的半径值

在动态输入窗口中输入"60"作为圆的半径值并按【Enter】键确认。效果如下图所示。

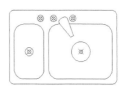

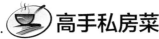 高手私房菜

下面将对透明命令以及鼠标右键功能的设置进行详细介绍。

技巧：透明命令的应用

对于透明命令而言，可以在不中断其他当前正在执行的命令的状态下进行调用。此种命令可以极大方便用户的操作，尤其体现在对当前所绘制图形的即时观察方面。

下面以绘制不同线宽的三角形为例，对透明命令的使用进行详细介绍。

1 选择【绘图】菜单命令

启动AutoCAD 2016，选择【绘图】➤【直线】菜单命令。

3 指定直线第二点

拖动鼠标，在绘图窗口单击以指定直线第二点，如下图所示。

5 选择线宽值"0.40mm"

选择线宽值"0.40mm"并单击【确定】按钮。

7 线宽值设置为"Bylayer"

重复步骤**4**~**5**的操作，将线宽值设置为"Bylayer"。

2 单击以指定第一点

在绘图窗口单击以指定第一点，如下图所示。

4 "线宽设置"对话框

在命令行输入"lweight"命令并按【Enter】键，弹出"线宽设置"对话框。

6 单击指定直线下一点

系统恢复执行直线命令，在绘图区域中水平拖动鼠标指针并单击以指定直线下一点。

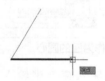

8 绘制三角形第三条边

系统恢复执行直线命令后，拖动鼠标绘制三角形第三条边，并按【Enter】键结束直线命令。

第**2**章
AutoCAD的基本设置

在使用AutoCAD绘图前，用户需要了解精确绘图的辅助工具，只有掌握这些绘图工具，用户才可以精确、方便地绘制图形。在AutoCAD 2016中，辅助绘图设置主要包括设置绘图区域/度量单位、辅助定位工具、对象捕捉、对象追踪以及动态输入等。

学习效果图

2.1 用户坐标系

在三维环境中工作时，用户坐标系对于输入坐标、在二维工作平面上创建三维对象以及在三维中旋转对象很有用。

2.1.1 定义UCS

在AutoCAD 2016中调用【UCS】命令的具体操作方法有以下两种。

（1）在命令行中输入"ucs"后按【Enter】键。

（2）选择【工具】▶【新建UCS】▶【世界】命令。命令行提示如下，显示当前UCS名称为"世界"。

2.1.2 命名UCS

在AutoCAD 2016中调用【UCS】命令的具体操作方法有以下两种。

（1）在命令行中输入"ucsman"后按【Enter】键。

（2）选择【工具】▶【命名UCS】菜单命令。

具体的操作步骤如下。

1 打开素材文件

打开光盘中的"素材\ch02\命名UCS.dwg"文件，选择【工具】▶【命名UCS】命令。弹出【UCS】对话框。

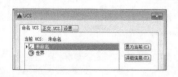

2 选择【重命名】命令

在【未命名】上单击鼠标右键，在弹出的快捷菜单中选择【重命名】命令。

3 输入新的名称

输入新的名称"新建UCS"，单击【确定】按钮完成操作。

2.2 设置绘图区域和度量单位

本节视频教学时间 / 4分钟

设置图形界限是把AutoCAD 2016默认绘图区域的边界设置为工作时所需要的区域边界，让用户在设置好的区域内绘图，以避免所绘制的图形超出该边界。

对图形单位的设置，主要是对长度类型、精度、角度和方向等进行精确控制。

2.2.1 设置绘图区域大小

设置绘图区域可以使图形在预定范围内进行绘制，避免超出图纸界限，这在需要1:1出图的情况下非常有用。

在AutoCAD 2016中设置绘图区域大小通常有以下两种方法。

（1）选择【格式】▶【图形界限】菜单命令。

（2）在命令行输入【Limits】命令并按【Enter】键。

下面将设置一个图形区域大小为297mm×210mm的图形界限，具体操作步骤如下。

1 命令行提示

启动AutoCAD 2016，选择【格式】▶【图形界限】菜单命令。然后在命令行输入"0, 0"并按【Enter】键确认，以指定左下角点的坐标。命令行提示如下。

命令: '_limits

重新设置模型空间界限:

指定左下角点或 [开(ON)/关(OFF)]

<0.0000,0.0000>: 0,0 ✓

提示　当系统提示输入左下角点的坐标时，按【Enter】键确定可以保持默认。

2 命令行输入

在命令行输入"297, 210"并按【Enter】键确认，以指定右上角点的坐标。命令行提示如下。

指定右上角点 <420.0000,297.0000>: 297,210 ✓

提示　输入屏幕右上角点时，可根据所绘制图形的大小进行合理设定。

3 图形界限创建完成

大小为"297mm×210mm"的图形界限创建完成。

2.2.2 设置图形度量单位

AutoCAD 2016使用笛卡儿坐标系来确定图形中点的位置，两个点之间的距离以绘图单位来度量。所以，在使用AutoCAD 2016绘图时，首先要确定绘图使用的单位。

用户在绘图时可以将绘图单位视为被绘制对象的实际单位，如毫米（mm）、米（m）和千米（km）等，在国内工程制图中最常用的单位是毫米（mm）。

一般情况下，AutoCAD 2016采用实际的测量单位来绘制图形，等完成图形绘制后，再按一定的缩放比例来输出图形。

在AutoCAD 2016中设置绘图单位通常有以下两种方法。

（1）选择【格式】▶【单位】菜单命令。

（2）在命令行输入【units】命令并按【Enter】键。

下面将图形单位设置为"毫米"，并对"类型"和"精度"进行精确设置，具体操作步骤如下。

1 【图形单位】对话框

启动AutoCAD 2016，选择【格式】▶【单位】菜单命令，弹出【图形单位】对话框。

2 选择不同选项

在【长度】区的【类型】下拉列表中选择【小数】选项，在【精度】下拉列表中选择【0.0】，在【用于缩放插入内容的单位】下拉列表中选择【毫米】选项。

3 完成绘图单位的设置

单击【确定】按钮，完成绘图单位的设置。

2.3 对象捕捉

本节视频教学时间 / 9分钟

在绘制图形时，往往难以使用鼠标准确定位，这时可以使用AutoCAD 2016提供的捕捉、栅格和正交等功能来辅助定位。

2.3.1 使用捕捉模式和栅格功能

捕捉和栅格是AutoCAD 2016中最基本的辅助绘图工具，同时捕捉功能和栅格功能需要同时启用才能起到利用栅格精确绘图的作用。

在AutoCAD 2016中启用捕捉和栅格功能通常有以下4种方法。

（1）选择【工具】▶【绘图设置】菜单命令▶【捕捉和栅格】选项卡。

（2）单击状态栏中的【捕捉模式】按钮▦和【栅格显示】按钮▦可分别开启捕捉功能和栅格功能。

（3）通过【F9】快捷键和【F7】快捷键可分别开启捕捉功能和栅格功能。

（4）在命令行输入【Dsettings】命令并按【Enter】键▶【捕捉和栅格】选项卡。

下面将利用捕捉和栅格功能绘制一个不规则多边形，具体操作步骤如下。

1 选择【捕捉和栅格】选项卡

启动AutoCAD 2016，选择【工具】▶【绘图设置】菜单命令，弹出【草图设置】对话框并选择【捕捉和栅格】选项卡。

2 选中【启用捕捉】复选框

选中【启用捕捉】复选框。

3 选中【启用栅格】复选框

选中【启用栅格】复选框。

4 单击以指定直线第一点

单击【确定】按钮，选择【绘图】▶【直线】菜单命令，在绘图区单击以指定直线第一点。

5 单击以指定直线第二点

在绘图区拖动鼠标指针并单击以指定直线的第二点。

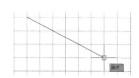

6 最终效果

重复上述步骤，最终效果如下图所示。

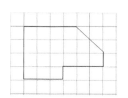

2.3.2 使用正交功能

开启正交功能可以在图纸上绘制水平或垂直的直线，相当于接受水平或垂直约束。在三维绘图或编辑状态中，鼠标指针将会延标准轴测方向进行移动，即x、y、z轴（正负方向均可移动）。

在AutoCAD 2016中启用正交功能通常有以下两种方法。

（1）单击状态栏中的【正交模式】按钮 。

（2）按【F8】快捷键。

下面将利用正交功能绘制一个多边形，具体操作步骤如下。

1 指定直线第一点

启动AutoCAD 2016，按【F8】键开启正交功能，然后选择【绘图】▶【直线】菜单命令，在绘图区域指定直线第一点。

2 单击以指定直线下一点

沿水平方向拖动鼠标并单击以指定直线下一点。

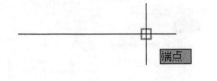

3 最终效果

分别沿水平方向和竖直方向指定直线下一点，效果如下图所示。

> **提示** 重复按【F8】键或重复单击【正交模式】按钮 ，可关闭正交功能。

2.4 对象追踪

本节视频教学时间 / 6分钟

在AutoCAD中，用相对图形中的其他点来定位点的方法称为追踪。使用自动追踪功能可按指定角度绘制对象，或者绘制与其他对象有特定关系的对象。

2.4.1 极轴追踪

可以通过对极轴追踪的设置进行与之相关的特殊点的捕捉。

在AutoCAD 2016中启用极轴追踪功能通常有以下4种方法。

（1）选择【工具】▶【绘图设置】菜单命令▶【极轴追踪】选项卡。

（2）单击状态栏中的【极轴追踪】按钮 。

（3）按【F10】快捷键。

（4）在命令行输入【Dsettings】命令并按【Enter】键▶【极轴追踪】选项卡。

下面将利用极轴追踪的方式创建一个等边三角形，具体操作步骤如下。

1 选择【极轴追踪】选项卡

启动AutoCAD 2016，选择【工具】▶【绘图设置】菜单命令，弹出【草图设置】对话框，选择【极轴追踪】选项卡。

2 设置增量角

勾选【启用极轴追踪】复选框，并将增量角设置为【60】，然后单击【确定】按钮。

3 单击以指定直线起点

选择【绘图】➤【直线】菜单命令，并在空白绘图区域单击以指定直线起点。

4 指定直线方向

拖动鼠标用以指定直线方向，如下图所示。

5 命令行提示

在命令行输入"50"并按【Enter】键确认，以指定直线长度。命令行提示如下。

命令: _line

指定第一个点:

指定下一点或 [放弃(U)]: 50 ↙

6 效果图

效果如下图所示。

7 绘制长度

重复步骤**3**~**6**的操作，分别在"0"度方向以及"120"度方向绘制长度为"50"的直线段，效果如下图所示。

2.4.2 对象捕捉追踪

在使用对象捕捉追踪，在命令中指定点时，光标可以沿基于其他对象的捕捉点的对齐路径进行追踪。

要使用对象捕捉追踪，必须打开一个或多个对象捕捉。

在AutoCAD 2016中启用极轴追踪功能通常有以下4种方法。

（1）选择【工具】➤【绘图设置】菜单命令➤【对象捕捉】选项卡。

（2）单击状态栏中的【对象捕捉追踪】按钮 。

（3）按【F11】快捷键。

（4）在命令行输入【Dsettings】命令并按【Enter】键➤【对象捕捉】选项卡。

下面将利用对象捕捉追踪的方式创建一个圆形，具体操作步骤如下。

1 打开素材文件

打开随书光盘中的"素材\ch02\对象捕捉追踪.dwg"文件。

2 选择【对象捕捉】选项卡

选择【工具】▶【绘图设置】菜单命令，弹出【草图设置】对话框，选择【对象捕捉】选项卡。

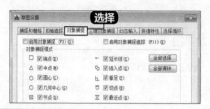

3 设置【对象捕捉】选项卡

在【对象捕捉】选项卡中按下图进行设置，并单击【确定】按钮。

4 捕捉矩形中心

选择【绘图】▶【圆】▶【圆心、半径】菜单命令。利用对象捕捉追踪，捕捉矩形中心点为圆心。

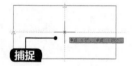

5 效果图

单击确定圆心，然后在命令行输入"50"作为圆的半径，并按【Enter】键确认，效果如下图所示。

2.5 实战演练——结合对象捕捉和对象追踪绘图

本节视频教学时间 / 3分钟

下面将利用对象捕捉和对象捕捉追踪来绘制图形，具体操作步骤如下。

1 选择【极轴追踪】选项卡

新建一个图形文件，在命令行输入【SE】并按【Space】键，在弹出的【草图设置对话框】选择【极轴追踪】选项卡，将极轴追踪的增量角设置为"60"并勾选【启用极轴追踪】，如下图所示。

2 设置【对象捕捉】选项卡

单击【对象捕捉】选项卡，按下图进行设置。设置完成后单击"确定"按钮关闭【草图设置】对话框。

3 单击一点作为直线的起点

在命令行输入【L】并按【Space】键调用直线命令，在绘图窗口任意单击一点作为直线的起点，然后拖动鼠标，如下图所示。

4 效果图

当极轴追踪到60°角方向时在命令行输入长度200，如下图所示。

5 极轴追踪到300°

继续拖动鼠标，当极轴追踪到300°方向时再次在命令行输入长度200，如下图所示。

6 捕捉起点

最后拖动鼠标捕捉刚开始绘制直线时的起点，如下图所示。

7 在端点处单击

在端点处单击，按【Space】键结束直线命令。然后在命令行输入【C】并按【Space】键调用圆命令，当命令行提示指定圆心时捕捉三角形的一条边的中点，如下图所示。

8 捕捉中点

将鼠标放置到另一条边中点附近捕捉中点，出现中点符号后捕捉（但并未选中），如下图所示。

9 指引线相交时单击作为圆心

向右下角处拖曳鼠标指针，当与第7步的指引线相交时单击以作为圆心，如下图所示。

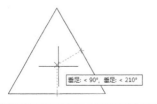

10 效果图

拖曳鼠标指针，在于相交处提示垂足（或中点，此时的中点和垂足是同一点）符号时单击，如下图所示。

11 最终效果

绘制完成后效果如下图所示。

高手私房菜

本节主要介绍捕捉方面的运用技巧，以便用户在实际绘图过程中能够更加灵活地使用辅助绘图工具。

技巧1：在对齐路径下使用直接距离

在AutoCAD 2016中可以使用对象捕捉追踪以及极轴追踪获取相关路径，在路径确定后可以直接在命令行输入实际距离值以确定目标点位置。

1 绘制水平直线

启动AutoCAD 2016，任意绘制一条水平线段。

2 对象捕捉追踪的效果

以线段的右侧端点作为线段起点，继续进行线段的绘制，可以看到对象捕捉追踪的效果。

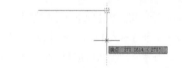

3 效果图

在命令行输入"100"并按【Enter】键确认，效果如下图所示。

提示 步骤 **3** 中的距离值"100"为举例说明，也可根据实际情况进行其他距离值的输入。

技巧2：临时捕捉

当需要临时捕捉某点时，可以按【Shift】键或【Ctrl】键并单击鼠标右键，弹出对象捕捉快捷菜单，如下图所示。从中选择需要的命令，再把鼠标指针拖曳到要捕捉对象的特征点附近，即可捕捉到相应的对象特征点。

第 **3** 章
绘制二维图形

二维图形是AutoCAD 2016的核心功能，任何复杂的图形都是由点、线等基本的二维图形组合而成。通过本章的学习用户将会了解基本二维图形的绘制方法。对基本二维图形进行合理的绘制与布置，这将有利于提高复杂二维图形的绘制准确度，同时提高绘图效率。

学习效果图

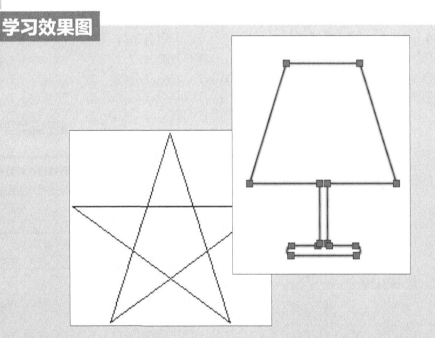

3.1 绘制直线

本节视频教学时间 / 6分钟

直线类图形作为绘图的基本元素可以用来创建非曲线类的所有几何对象，在AutoCAD 2016中直线类图形主要包括直线、射线以及构造线等。

3.1.1 绘制直线段

使用【直线】命令可以创建一系列连续的线段。在一条由多条线段连接而成的简单直线中，每条线段都是一个单独的直线对象。

可以单独编辑一系列线段中的所有单个线段而不影响其他线段。可以闭合一系列线段，将第一条线段和最后一条线段连接起来。

在AutoCAD 2016中调用【直线】命令通常有以下4种方法。

（1）选择【绘图】➤【直线】菜单命令。

（2）在命令行输入【Line】命令并按【Enter】键。

（3）单击【默认】选项卡➤【绘图】面板➤【直线】按钮。

（4）单击绘图工具栏➤【直线】按钮。

下面将对直线段图形进行绘制，具体操作步骤如下。

1 单击以指定直线第一点

选择【绘图】➤【直线】菜单命令，然后在绘图区域单击以指定直线第一点。

2 单击以指定直线下一点

在绘图区域拖动鼠标指针并单击以指定直线下一点。

3 效果图

按【Enter】键结束直线命令，效果如下图所示。

提示 用户可以在命令行输入坐标值以确定直线的起始点及始点，此种方法可对直线进行精确定位。

3.1.2 绘制射线

射线是一端固定，另一端无限延伸的直线。使用【射线】命令可以创建一系列始于一点并继续无限延伸的直线。

在AutoCAD 2016中调用【射线】命令通常有以下4种方法。

（1）选择【绘图】➤【射线】菜单命令。

（2）在命令行输入【Ray】命令并按【Enter】键。

（3）单击【默认】选项卡➤【绘图】面板➤【射线】按钮 。

（4）单击绘图工具栏➤【射线】按钮 。

下面将对射线图形进行绘制，具体操作步骤如下。

1 单击以指定射线第一点

选择【绘图】➤【射线】菜单命令，然后在绘图区域单击以指定射线第一点。

2 单击以指定射线通过点

在绘图区域拖动鼠标指针并单击以指定射线通过点。

3 结束射线命令

按【Enter】键结束射线命令，效果如右图所示。

> 提示
>
> 用户可以在结束射线命令之前连续绘制多条射线，这些连续绘制的射线将拥有一个共同起始点。

3.1.3 绘制构造线

构造线是两端无限延伸的直线，可以用来作为创建其他对象时的参考线。在执行一次【构造线】命令时，可以连续绘制多条通过一个公共点的构造线。

在AutoCAD 2016中调用【构造线】命令通常有以下4种方法。

（1）选择【绘图】➤【构造线】菜单命令。

（2）在命令行输入【Xline】命令并按【Enter】键。

（3）单击【默认】选项卡➤【绘图】面板➤【构造线】按钮 。

（4）单击绘图工具栏➤【构造线】按钮 。

在使用"XLine"命令创建构造线的过程中，系统会提示【指定点或 [水平（H）/垂直（V）/角度（A）/二等分（B）/偏移（O）]:】，该提示中各选项含义如下。

● 指定下一点：指定构造线的通过点。

● 水平（H）：创建一条通过选定点的水平参照线，此构造线平行于X轴。

● 垂直（V）：创建一条通过选定点的垂直参照线，此构造线平行于Y轴。

● 角度（A）：以指定的角度创建一条参照线。

● 二等分（B）：创建一条参照线，它经过选定的角顶点，并且将选定的两条线之间的夹角平分，此构造线位于由三个点确定的平面中。

● 偏移（O）：创建平行于另一个对象的参照线。

下面将对构造线图形进行绘制，具体操作步骤如下。

1 选择【绘图】菜单命令

选择【绘图】➤【构造线】菜单命令，然后在绘图区域单击以指定构造线中点。

指定中点

2 单击以指定构造线通过点

在绘图区域拖动鼠标指针并单击以指定构造线通过点。

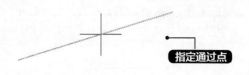

指定通过点

3 结束射线命令

按【Enter】键结束射线命令，效果如下图所示。

效果

提示 用户可以在结束构造线命令之前连续绘制多条构造线，这些连续绘制的构造线将拥有一个共同的中点。

3.2 绘制矩形和正多边形

本节视频教学时间 / 5分钟

矩形为四条线段首尾相接且4个角均为直角的四边形，而正多边形是由至少三条线段首尾相接组合成的规则图形，其中正多边形的概念范围内包括矩形。

3.2.1 绘制矩形

创建矩形形状的闭合多段线，可以指定长度、宽度、面积和旋转参数。还可以控制矩形上角点的类型，如圆角、倒角或直角。

在AutoCAD 2016中调用【矩形】命令通常有以下4种方法。

（1）选择【绘图】➤【矩形】菜单命令。

（2）在命令行输入【Rectang】命令并按【Enter】键。

（3）单击【默认】选项卡➤【绘图】面板➤【矩形】按钮 ▭ 。

（4）单击绘图工具栏➤【矩形】按钮 ▭ 。

下面将绘制一个200mm×100mm的矩形，具体操作步骤如下。

1 矩形第一角点

选择【绘图】➤【矩形】菜单命令，然后在命令行输入"0，0"作为矩形第一角点，并按【Enter】键确认。命令行提示如下。

指定第一个角点或 [倒角(C)/标高(E)/圆角(F)/
厚度(T)/宽度(W)]: 0,0　✓

2 矩形第二角点

在命令行输入"200，100"作为矩形第二角点并按【Enter】键确认。命令行提示如下。

指定另一个角点或 [面积(A)/尺寸(D)/旋转
(R)]: 200,100　✓

3 效果图

效果如右图所示。

3.2.2　绘制正多边形

矩形可以视为正多边形的一种，正多边形同样可以视为矩形的延伸，对矩形的边数进行适当延伸并进行合理规划，便可以得出相应的正多边形。

在AutoCAD 2016中调用【多边形】命令通常有以下4种方法。

（1）选择【绘图】➤【多边形】菜单命令。

（2）在命令行输入【Polygon】命令并按【Enter】键。

（3）单击【默认】选项卡➤【绘图】面板➤【多边形】按钮 。

（4）单击绘图工具栏➤【多边形】按钮 。

下面将绘制一个内接于圆的正六边形，具体操作步骤如下。

1 选择【绘图】菜单命令

选择【绘图】➤【多边形】菜单命令，然后在命令行输入多边形侧面数为"6"并按【Enter】键确认。命令行提示如下。

命令: _polygon 输入侧面数 <4>: 6　✓

2 指定正多边形的中心点

在绘图区域单击以指定正多边形的中心点。

3 选择"内接于圆"选项

在命令行输入"I"选择"内接于圆"选项并按【Enter】键确认。命令行提示如下。

输入选项 [内接于圆(I)/外切于圆(C)] <I>: i
✓

4 输入圆的半径

在命令行输入"50"作为圆的半径并按【Enter】键确认。命令行提示如下。

指定圆的半径: 50　✓

5 效果图

效果如下图所示。

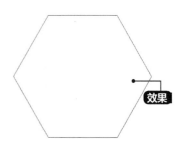

3.3 绘制圆和圆弧

本节视频教学时间 / 13分钟

圆在工程图中随处可见，在AutoCAD 2016中可以利用【圆】命令绘制圆。圆弧是圆的一部分，是构成图形的一个最基本的图元。

3.3.1 绘制圆

创建圆的方法有6种，可以利用指定圆心、半径、直径、圆周上的点或其他对象上的点等不同的方法进行结合绘制。

1. 圆心、半径方式绘制圆

在AutoCAD 2016中调用【圆心、半径】绘制圆的方式通常有以下4种方法。

（1）选择【绘图】➤【圆】➤【圆心、半径】菜单命令。

（2）在命令行输入【Circle】命令并按【Enter】键。

（3）单击【默认】选项卡➤【绘图】面板➤【圆心、半径】按钮。

（4）单击绘图工具栏➤【圆】按钮。

下面以圆心、半径方式绘制一个半径为30mm的圆形，具体操作步骤如下。

1 输入圆的圆心	**2 输入圆的半径**
选择【绘图】➤【圆】➤【圆心、半径】菜单命令，然后在命令行输入"0，0"作为圆的圆心并按【Enter】键确认。命令行提示如下。 指定圆的圆心或 [三点(3P)/两点(2P)/切点、切点、半径(T)]: 0,0 ✓	在命令行输入"30"作为圆的半径并按【Enter】键确认。命令行提示如下。 指定圆的半径或 [直径(D)] <434.7430>: 30 ✓

3 效果图

效果如右图所示。

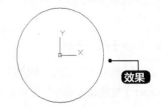

2. 两点方式绘制圆

在AutoCAD 2016中调用【两点】绘制圆的方式通常有以下两种方法。

（1）选择【绘图】➤【圆】➤【两点】菜单命令。

（2）单击【默认】选项卡➤【绘图】面板➤【两点】按钮。

下面以两点方式绘制一个直径为40mm的圆形，具体操作步骤如下。

1 输入圆直径的第一个端点

选择【绘图】➤【圆】➤【两点】菜单命令，然后在命令行输入 "0，0" 作为圆直径的第一个端点并按【Enter】键确认。命令行提示如下。

指定圆的圆心或 [三点(3P)/两点(2P)/切点、切点、半径(T)]: _2p 指定圆直径的第一个端点: 0,0 ✓

2 输入圆直径的第二个端点

在命令行输入 "0，40" 作为圆直径的第二个端点并按【Enter】键确认。命令行提示如下。

指定圆直径的第二个端点: 40,0 ✓

3 效果图

效果如右图所示。

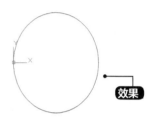

3.3.2 绘制圆弧

绘制圆弧的方法有10种，其中默认的方法是通过确定三点来绘制圆弧。圆弧可以通过设置起点、方向、中点、角度和弦长等参数来绘制。

1. 三点方式绘制圆弧

在AutoCAD 2016中调用【三点】绘制圆弧的方式通常有以下4种方法。

（1）选择【绘图】➤【圆弧】➤【三点】菜单命令。

（2）在命令行输入【Arc】命令并按【Enter】键。

（3）单击【默认】选项卡➤【绘图】面板➤【三点】按钮 。

（4）单击绘图工具栏➤【圆弧】按钮 。

在使用 "Arc" 命令创建圆弧的过程中，系统会有不同的提示，根据需要进行相关选项的选择，可以在不同的绘制圆弧的方法之间进行切换。

下面以三点方式绘制一个圆弧，具体操作步骤如下。

1 指定圆弧起点

启动AutoCAD 2016，选择【绘图】➤【圆弧】➤【三点】菜单命令，然后在绘图区域单击以指定圆弧起点。

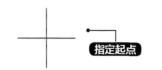

2 指定圆弧第二个点

在绘图区域拖动鼠标指针并单击以指定圆弧的第二个点。

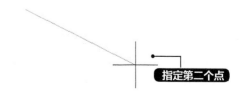

3 单击以指定圆弧的端点

在绘图区域拖动鼠标指针并单击以指定圆弧的端点。

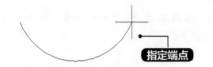

4 效果图

效果如下图所示。

2. 起点、圆心、端点方式绘制圆弧

在AutoCAD 2016中调用【起点、圆心、端点】绘制圆弧通常有以下两种方法。

（1）选择【绘图】➤【圆弧】➤【起点、圆心、端点】菜单命令。

（2）单击【默认】选项卡➤【绘图】面板➤【起点、圆心、端点】按钮。

下面以起点、圆心、端点方式绘制一个圆弧，具体操作步骤如下。

1 输入圆弧起点

启动AutoCAD 2016，选择【绘图】➤【圆弧】➤【起点、圆心、端点】菜单命令，然后在命令行输入"−20,0"作为圆弧起点并按【Enter】键确认。命令行提示如下。

指定圆弧的起点或 [圆心(C)]: −20,0 ✓

2 输入圆弧圆心

在命令行输入"0,0"作为圆弧圆心并按【Enter】键确认。命令行提示如下。

指定圆弧的第二个点或 [圆心(C)/端点(E)]: _c
指定圆弧的圆心: 0,0 ✓

3 输入圆弧端点

在命令行输入"20,−10"作为圆弧端点并按【Enter】键确认。命令行提示如下。

指定圆弧的端点或 [角度(A)/弦长(L)]: 20,−10 ✓

4 效果图

效果如下图所示。

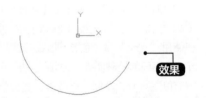

3.4 绘制圆环

本节视频教学时间 / 1分钟

圆环是填充环或实体填充圆，即带有宽度的闭合多段线。

在AutoCAD 2016中调用【圆环】命令通常有以下3种方法。

（1）选择【绘图】➤【圆环】菜单命令。

（2）在命令行输入【Donut】命令并按【Enter】键。

（3）单击【默认】选项卡➤【绘图】面板➤【圆环】按钮◉。

下面将创建一个内径为15、外径为20的圆环图形，具体操作步骤如下。

1 输入圆环的内径值

启动AutoCAD 2016，选择【绘图】➤【圆环】菜单命令，然后在命令行输入"15"作为圆环的内径值并按【Enter】键确认。命令行提示如下。

指定圆环的内径 <561.3932>: 15　✓

2 输入圆环的外径值

在命令行输入"20"作为圆环的外径值并按【Enter】键确认。命令行提示如下。

指定圆环的外径 <1319.5824>: 20　✓

3 输入圆环的中心点

在命令行输入"0,0"作为圆环的中心点并按【Enter】键确认。命令行提示如下。

指定圆环的中心点或 <退出>: 0,0　✓

4 效果图

再次按【Enter】键退出圆环命令，效果如下图所示。

效果

 提示　在步骤**3**中可以连续指定多个圆环中心点，以便于创建多个相应的圆环图形。

3.5 绘制多线

本节视频教学时间 / 2分钟

多线是指由多条平行线组成的线型。绘制多线与绘制直线相似的地方是需要指定起点和端点，与直线不同的是一条多线可以由一条或多条平行直线线段组成。

在AutoCAD 2016中调用【多线】命令通常有以下两种方法。

（1）选择【绘图】➤【多线】菜单命令。

（2）在命令行输入【Mline】命令并按【Enter】键。

执行"多线"命令后，系统会提示【指定起点或 [对正（J）/比例（S）/样式（ST）]:】，该提示中各选项含义如下。

● 指定起点：指定多线的下一个顶点。

● 对正（J）：控制在指定的点之间绘制多线的方式。

● 比例（S）：控制多线的全局宽度，该比例不影响线型比例。

● 样式（ST）：指定多线的样式。

下面将对多线图形进行绘制，具体操作步骤如下。

1 指定多线的起点

启动AutoCAD 2016，选择【绘图】▶【多线】菜单命令，然后在绘图区域单击以指定多线的起点。

2 指定多线的下一点

在绘图区域拖动鼠标指针并单击以指定多线的下一点。

3 指定多线的下一点

继续拖动鼠标指针，在绘图区域单击以指定多线的下一点。

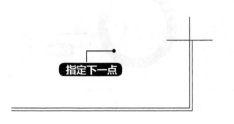

4 在命令行输入"C"

在命令行输入"C"并按【Enter】键确认。命令行提示如下。

指定下一点或 [闭合(C)/放弃(U)]: c ✓

5 效果图

效果如下图所示。

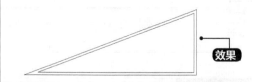

3.6 绘制多段线

本节视频教学时间 / 6分钟

多段线是作为单个对象创建的相互连接的序列线段。可以创建直线段、弧线段或两者的组合线段。

在AutoCAD 2016中调用【多段线】命令通常有以下4种方法。

（1）选择【绘图】▶【多段线】菜单命令。

（2）在命令行输入【Pline】命令并按【Enter】键。

（3）单击【默认】选项卡▶【绘图】面板▶【多段线】按钮 。

（4）单击绘图工具栏▶【多段线】按钮 。

下面将对多段线图形进行绘制，具体操作步骤如下。

1 打开素材文件

打开随书光盘中的"素材\ch03\绘制多段线.dwg"文件，选择【绘图】➤【多段线】菜单命令，然后在绘图区域单击以指定多段线的起点。

2 指定多段线的下一点

拖动鼠标指针，在绘图区域单击以指定多段线下一点。

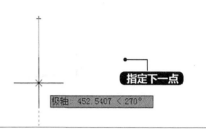

3 调用圆弧选项

在命令行调用圆弧选项并将圆弧包含角度指定为"45"，然后按【Enter】键确认。命令行提示如下。

指定下一点或 [圆弧(A)/闭合(C)/半宽(H)/长度(L)/放弃(U)/宽度(W)]: a   ✓

指定圆弧的端点或[角度(A)/圆心(CE)/闭合(CL)/方向(D)/半宽(H)/直线(L)/半径(R)/第二个点(S)/放弃(U)/宽度(W)]: a   ✓

指定包含角: 45   ✓

4 指定多段线的下一点

拖动鼠标指针，在绘图区域单击以指定多段线的下一点。

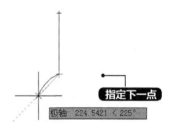

5 指定多段线的下一点

在命令行输入"L"并按【Enter】键确认。然后拖动鼠标，在绘图区域单击以指定多段线的下一点。

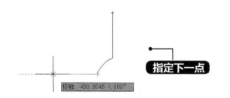

6 指定多段线的下一点

在命令行输入"A"并按【Enter】键确认。然后拖动鼠标，在绘图区域单击以指定多段线的下一点。

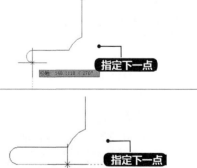

7 指定多段线的下一点

在命令行输入"L"并按【Enter】键确认。然后拖动鼠标，在绘图区域单击以指定多段线的下一点。

8 指定多线段的下一点

重复步骤 **3** 的操作，然后拖动鼠标，在绘图区域单击以指定多段线的下一点。

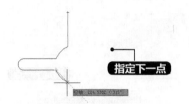

指定下一点

9 效果图

重复步骤 **3**~**8** 的操作，继续绘制其他的多段线，最终效果如下图所示。

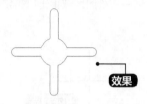

效果

3.7 绘制样条曲线

本节视频教学时间 / 4分钟

样条曲线是经过或接近一系列给定点的光滑曲线，可以控制曲线与点的拟合程度。一般用于绘制园林景观。

在AutoCAD 2016中，【样条曲线】包括【拟合点】和【控制点】两种，调用【样条曲线】的这两种命令通常有以下3种方法。

（1）选择【绘图】➤【样条曲线】菜单命令。

（2）在命令行输入【Spline】命令并按【Enter】键。

（3）单击绘图工具栏➤【样条曲线拟合】按钮 或【样条曲线控制点】按钮 。

使用SPLINE命令创建的曲线为样条曲线。与那些包含类似图形的样条曲线拟合多段线的图形相比，包含样条曲线的图形占用较少的内存和磁盘空间。

多段线是作为单个对象创建的相互连接的序列线段。可以创建直线段、弧线段或两者的组合线段。使用 SPLINE命令可以将样条拟合多段线转换为真正的样条曲线。

3.8 绘制面域

本节视频教学时间 / 2分钟

面域是具有物理特性（例如形心或质量中心）的二维封闭区域，可以将现有面域组合成单个或复杂的面域来计算面积。

面域的边界由端点相连的曲线组成，曲线上的每个端点仅连接两条边。

在AutoCAD 2016中调用【面域】命令通常有以下4种方法。

（1）选择【绘图】➤【面域】菜单命令。

（2）在命令行输入【Region】命令并按【Enter】键。

（3）单击【默认】选项卡➤【绘图】面板➤【面域】按钮 。

（4）单击绘图工具栏➤【面域】按钮。

下面将对多段线图形进行面域的绘制，具体操作步骤如下。

1 打开素材文件

打开随书光盘中的"素材\ch06\面域.dwg"文件。

2 选择图形对象

选择【绘图】➤【面域】菜单命令，然后在绘图区域将图形对象全部进行选择。

全选

3 确认选择对象

按【Enter】键确认选择对象，面域创建即完成。

效果

3.9 绘制图案填充

本节视频教学时间 / 5分钟

在AutoCAD 2016中可以使用预定义填充图案填充区域，或使用当前线型定义简单的线图案。既可以创建复杂的填充图案，也可以创建渐变填充。渐变填充是在一种颜色的不同灰度之间或两种颜色之间使用过渡。渐变填充提供光源反射到对象上的外观，可用于增强演示图形的效果。

在AutoCAD 2016中调用【图案填充】命令通常有以下4种方法。

（1）选择【绘图】➤【图案填充】菜单命令。

（2）在命令行输入【Hatch】命令并按【Enter】键。

（3）单击【默认】选项卡➤【绘图】面板➤【图案填充】按钮。

（4）单击绘图工具栏➤【图案填充】按钮。

下面将对图案填充命令进行详细介绍。

选择【绘图】➤【图案填充】菜单命令，系统弹出【图案填充创建】选项卡。

各参数含义如下。

【边界】面板：设置拾取点和填充区域的边界。

【图案】面板：指定图案填充的各种图案形状。

【特性】面板：指定图案填充的类型、背景色、透明度、选定填充图案的角度和比例。

【原点】面板：控制填充图案生成的起始位置。某些图案填充（例如砖块图案）需要与图案填充边界上的一点对齐。默认情况下，所有图案填充原点都对应于当前的 UCS 原点。

【选项】面板：控制几个常用的图案填充或填充选项，并可以通过选择【特性匹配】选项使用选定图案填充对象的特性对指定的边界进行填充。

【关闭】面板：单击此面板，将关闭图案填充创建。

1 单击【图案】右侧的下三角按钮，弹出图案填充的图案选项，单击任意一个图案将用此图案对图形区域进行填充。

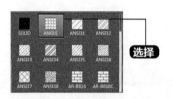

2 单击【特性】面板的【图案】选择框，弹出填充的类型。

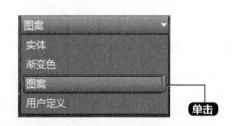

3 填充类型和填充图案选择后就可以对图形进行填充了。填充结束后，可以通过背景色、透明度、角度以及比例等对填充进行修改。

提示

对于习惯用【图案填充和渐变色】对话框来对图形进行填充的用户，可以用以下3种方法调用对话框。

（1）选择【绘图】➤【图案填充】命令，然后输入"T"。

（2）在命令行输入"hatch"后按【Enter】键，然后输入"T"。

（3）单击【常用】选项卡➤【绘图】面板➤【图案填充】按钮，然后输入"T"。

3.10 实战演练——绘制写字台正立面图

本节视频教学时间 / 3分钟

下面将综合利用【矩形】和【多边形】命令绘制写字台正立面图，具体操作步骤如下。

1 打开素材文件

打开随书光盘中的"素材\ch03\写字台.dwg"文件。

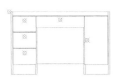

2 捕捉节点

选择【绘图】➤【矩形】菜单命令，在绘图区域捕捉下图所示的节点作为矩形的第一角点。

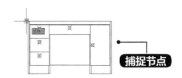

3 输入矩形的另一个角点

在命令行输入矩形的另一角点并按【Enter】键确认。

指定另一个角点或 [面积(A)/尺寸(D)/旋转(R)]: @1200,25 ↙

4 效果图

效果如下图所示。

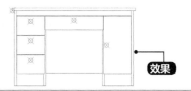

5 选择【绘图】菜单命令

选择【绘图】➤【多边形】菜单命令，在命令行输入正多边形的边数并按【Enter】键确认。

命令：_polygon 输入侧面数 <4>: 10 ↙

6 捕捉多边形中心点

在绘图区域捕捉下图所示的节点作为多边形的中心点。

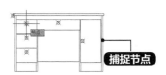

7 输入圆的半径值

在命令行指定正多边形的创建方式并输入圆的半径值，且分别按【Enter】键确认。

输入选项 [内接于圆(I)/外切于圆(C)] <I>: I ↙

指定圆的半径: 15 ↙

8 效果图

效果如下图所示。

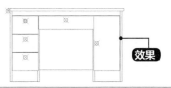

9 进行正多边形的绘制

重复步骤**5**~**8**的操作，在其他相应节点位置进行正多边形的绘制，将写字台的拉手全部进行创建，效果如右图所示。

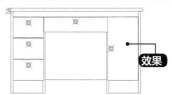

10 选择全部节点

将当前绘图区域中的节点全部进行选择，如下图所示。

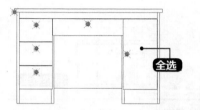

11 删除全部节点

按【Delete】键，将当前绘图区域中的节点全部删除，效果如下图所示。

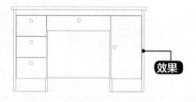

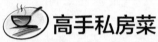 高手私房菜

技巧：绘图时没有虚线框显示怎么办

在绘制图形时，有时需要显示拖动对象的方式，即显示出虚线边框。如果没有显示，可以按照以下方法进行操作。

1 输入"DRAGMODE"

在命令行中输入"DRAGMODE"。

命令: DRAGMODE

2 输入"A"

按【Enter】键提示输入新值，这里输入"A"。

输入新值 [开(ON)/关(OFF)/自动(A)] <自动>: A

提示

当系统变量为【ON】时，表示在选定要拖动的对象后，仅当在命令行中输入"DRAG"后才在拖动时显示对象的轮廓；当系统变量为【OFF】时，在拖动时不显示对象的轮廓；当系统变量为【A】（即Auto）时，在拖动时总是显示对象的轮廓。

3 虚线边框

按【Enter】键打开虚线边框，在绘图区域中绘制图形时可以看到显示虚线边框。

第4章
编辑二维图形图像

单纯地使用绘图命令，只能创建一些基本的图形对象，要绘制复杂的图形，在很多情况下必须借助图形编辑命令。AutoCAD 2016提供了强大的图形编辑功能，可以帮助用户合理地构造和组织图形，既保证绘图的精确性，又简化了绘图操作，从而极大地提高了绘图效率。

学习效果图

4.1 选择对象

本节视频教学时间 / 3分钟

在AutoCAD 2016中创建的每个几何图形都是一个AutoCAD对象类型。AutoCAD对象类型具有很多形式，例如直线、圆、标注、文字、多边形和矩形等都是对象。

在AutoCAD 2016中，选择对象是一个非常重要的环节，无论执行任何编辑命令都必须选择对象或先选择对象再执行编辑命令，因此选择命令会频繁使用。

4.1.1 点选对象

在AutoCAD 2016中可以通过单击选择图形对象，具体操作步骤如下。

1. 单击选择对象

将鼠标指针移动到要选择的对象上，单击即可选中此对象，如下图所示。按【Esc】键结束对象选择。

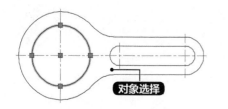

2. 重叠对象的选择

选择彼此接近或重叠的对象通常是很困难的，这时可以利用循环选择对象的方法进行选择。

提示　把鼠标指针移动到重叠的对象上，按住【Shift】键并连续按【Space】键，可以在相邻的对象之间循环，单击后可选择对象。

4.1.2 框选对象

在AutoCAD 2016中，有时候需要选择多个对象进行编辑操作，如果还逐个地单击选择对象将是一件很麻烦的事情，不仅花费时间和精力而且影响工作效率，这时如果能同时选择多个对象就会非常高效了。

1. 窗口选择

在绘图区左边空白处单击鼠标，确定矩形窗口第一点，从左向右拖动鼠标，展开一个矩形窗口。单击鼠标后，完全位于窗口内的对象即被选中，如下图所示。

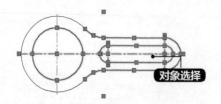

2. 交叉选择

在绘图区右边空白处单击鼠标，确定矩形窗口第一点，从右向左拖动鼠标，展开一个矩形窗口。单击鼠标，选择矩形窗口包围和相交的对象，如下图所示。

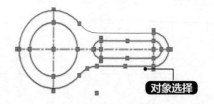

提示　在操作时，可能会不慎将已选择的对象放弃掉。如果所选择的对象很多，逐个重新选择则太烦琐，这时可以在输入操作命令后提示选择时输入"P"，重新选择上一步的所有选择对象。

4.2 编辑图形对象

本节视频教学时间 / 27分钟

下面将对在AutoCAD 2016中复制和移动类图形对象编辑方法进行详细介绍，包括【复制】【移动】【偏移】【阵列】【镜像】【旋转】和【删除】等。

4.2.1 复制图形对象

在制图的时候，有时需要创建许多相同的对象，而且它们都具有相同的属性，这时就需要复制对象。当然，最主要的是通过复制对象大大提高制图的速度。

下面将通过实例对复制命令的应用进行详细介绍，具体操作步骤如下。

1 打开素材文件

打开随书光盘中的"素材\ch04\复制对象.dwg"文件。

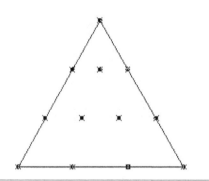

2 捕捉节点为圆的圆心点

选择【绘图】▶【圆】▶【圆心、半径】菜单命令并捕捉下图所示的节点作为圆的圆心点。

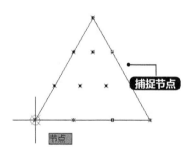

3 输入"2"为圆的半径值

在命令行输入"2"作为圆的半径值并按【Enter】键确认，效果如下图所示。

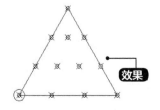

4 捕捉节点为圆的圆心点

重复【圆心、半径】绘制圆的方式，并捕捉下图所示的节点作为圆的圆心点。

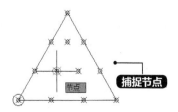

5 输入"1"为圆的半径值

在命令行输入"1"作为圆的半径值并按【Enter】键确认，效果如下图所示。

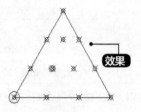

6 复制半径为"2"的圆

选择【修改】▶【复制】菜单命令并在绘图区域选择半径为"2"的圆形作为复制对象，如下图所示。

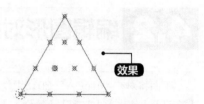

7 捕捉圆心点为复制基点

按【Enter】键确认选择对象并捕捉下图所示的圆心点作为复制对象的基点。

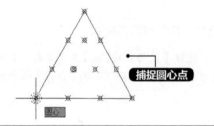

8 捕捉节点为复制的目标点

在绘图区域中拖动鼠标指针并捕捉下图所示的节点作为复制对象的目标点。

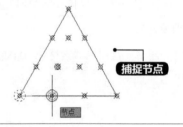

9 捕捉节点为复制的目标点

继续在绘图区域中拖动鼠标指针并捕捉下图所示的节点作为复制对象的目标点。

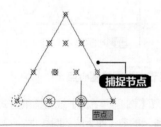

10 捕捉节点为复制的目标点

继续在绘图区域中拖动鼠标指针并捕捉相应节点作为复制对象的目标点，效果如下图所示。

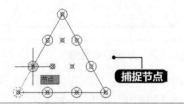

11 按【Enter】键

按【Enter】键结束复制命令，效果如右图所示。

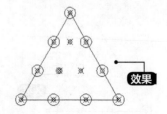

4.2.2　移动图形对象

移动，顾名思义就是把一个或多个对象从一个位置移动到另一个位置。

下面将通过调整椭圆形的位置对移动命令的应用进行详细介绍，具体操作步骤如下。

1 打开素材文件

打开随书光盘中的"素材\ch04\移动对象.dwg"文件。

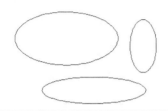

2 选择椭圆形为移动对象

选择【修改】➤【移动】菜单命令并在绘图区域选择下图所示的椭圆形作为移动对象。

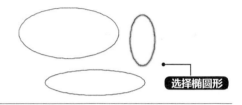

3 捕捉圆心点为移动基点

按【Enter】键确认选择对象，然后在绘图区域捕捉下图所示的圆心点作为移动基点。

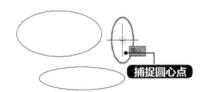

4 捕捉圆心点为目标点

在绘图区域拖动鼠标指针并捕捉下图所示的圆心点作为移动后的目标点。

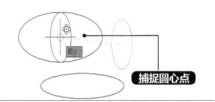

5 效果图

效果如下图所示。

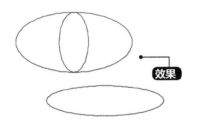

6 重复命令

重复【移动】命令移动椭圆对象，效果如下图所示。

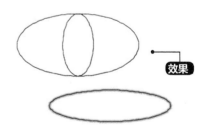

4.2.3　偏移图形对象

通过偏移可以创建与原对象造型平行的新对象。下面将通过实例对偏移命令的应用进行详细介绍，具体操作步骤如下。

1 打开素材文件

打开随书光盘中的"素材\ch04\偏移对象.dwg"文件。

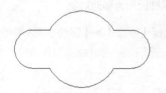

2 选择【修改】菜单命令

选择【修改】➤【偏移】菜单命令，命令行提示如下。

命令: _offset

当前设置: 删除源＝否 图层＝源 OFFSETGAPTYPE=0

指定偏移距离或 [通过(T)/删除(E)/图层(L)] <通过>:

提示

在命令行中各选项含义如下。

偏移距离：在距现有对象指定的距离处创建对象。

通过：创建通过指定点的对象。要在偏移带角点的多段线时获得最佳效果，请在直线段中点附近（而非角点附近）指定通过点。

删除：偏移源对象后将其删除。

图层：确定将偏移对象创建在当前图层上还是源对象所在的图层上。

3 输入"25"作为偏移距离

在命令行输入"25"作为偏移距离并按【Enter】键确认。

4 选择图形为偏移对象

在绘图区域单击选择下图所示的图形作为偏移对象。

5 指定偏移方向

在绘图区域中拖动鼠标指针并单击以指定偏移方向，如下图所示。

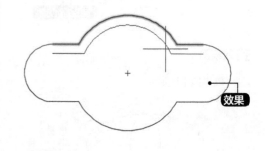

6 效果图

效果如下图所示。

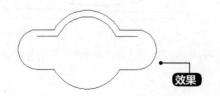

7 选择图形为偏移对象

继续在绘图区域单击选择下图所示的图形作为偏移对象。按【Enter】键结束偏移命令，结果下图所示。

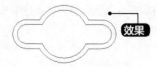

4.2.4 阵列图形对象

在AutoCAD 2016中阵列可以分为矩形阵列、环形阵列和路径阵列，用户可以根据需要选择相应的阵列方式。

1. 矩形阵列

矩形阵列可以创建对象的多个副本，并可控制副本之间的数目和距离。

下面将通过阵列不规则图形为例对矩形阵列命令的应用进行详细介绍，具体操作步骤如下。

1 打开素材文件

打开随书光盘中的"素材\ch04\矩形阵列.dwg"文件。

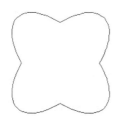

2 阵列对象

选择【修改】▶【阵列】▶【矩形阵列】菜单命令并在绘图区域选择下图所示的图形作为阵列对象。

选择图形

4 单击【关闭阵列】按钮

单击【关闭阵列】按钮，效果如右图所示。

3 阵列参数设置

按【Enter】键确认选择对象后弹出【阵列创建】选项卡，进行相关阵列参数设置，如下图所示。

提示

在【阵列创建】选项卡中各选项含义如下。

【类型】面板：显示当前执行的阵列类型。

【列】面板：用于编辑列数和列间距。

【行】面板：指定阵列中的行数、它们之间的距离以及行之间的增量标高。

【层级】面板：指定三维阵列的层数和层间距。

关联：指定阵列中的对象是关联的还是独立的。

基点：定义阵列基点和基点夹点的位置。

关闭阵列：退出阵列命令。

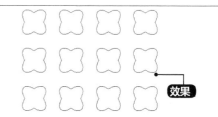

效果

2. 环形阵列

利用环形阵列可以创建对象的多个副本，并且可以对副本是否旋转以及旋转角度进行控制。

下面将通过实例对环形阵列命令的应用进行详细介绍，具体操作步骤如下。

1 打开素材文件

打开随书光盘中的"素材\ch04\环形阵列.dwg"文件。

2 阵列对象

选择【修改】▶【阵列】▶【环形阵列】菜单命令并在绘图区域选择下图所示的图形作为阵列对象。

选择图形

3 捕捉圆心点为阵列中心点

按【Enter】键确认，然后在绘图区域中捕捉下图所示的圆心点作为阵列中心点。

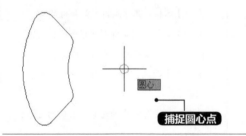

圆心

捕捉圆心点

4 【阵列创建】选项卡

系统弹出【阵列创建】选项卡，进行相关阵列参数设置，如下图所示。

提示

在【阵列创建】选项卡中各选项含义如下。

【类型】面板：显示当前执行的阵列类型。

【项目】面板：用于指定项目中的项目数、项目间角度及填充角度。

【行】面板：指定阵列中的行数、它们之间的距离以及行之间的增量标高。

【层级】面板：指定（三维阵列的）层数和层间距。

关联：指定阵列中的对象是关联的还是独立的。

基点：指定阵列的基点。

旋转项目：控制在排列项目时是否旋转项目。

方向：控制是否创建逆时针或顺时针阵列。

关闭阵列：退出阵列命令。

5 单击【关闭阵列】按钮

单击【关闭阵列】按钮，效果如右图所
示。

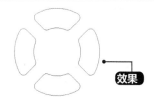

效果

3. 路径阵列

利用路径阵列可以沿路径或部分路径均匀分布对象副本。

下面将通过阵列圆形对路径阵列命令的应用进行详细介绍，具体操作步骤如下。

1 打开素材文件

打开随书光盘中的"素材\ch04\路径阵
列.dwg"文件。

2 选择圆形为阵列对象

选择【修改】➤【阵列】➤【路径阵列】
菜单命令并在绘图区域选择下图所示的圆形作
为阵列对象。

选择图形

3 选择圆弧作为路径曲线

按【Enter】键确认，然后在绘图区域选择
圆弧作为路径曲线。

选择圆弧

4 【阵列创建】选项卡

系统弹出【阵列创建】选项卡，进行相关
阵列参数设置，如下图所示。

提示

在【阵列创建】选项卡中各选项含义如下。

【类型】面板：显示当前执行的阵列类型。

【项目】面板：用于指定项目数及项目之间的距离。

【行】面板：用于指定阵列中的行数、它们之间的距离以及行之间的增量标高。

【层级】面板：用于指定三维阵列的层数和层间距。

关联：指定是否创建阵列对象，或者是否创建选定对象的非关联副本。

基点：定义阵列的基点，路径阵列中的项目相对于基点放置。

切线方向：指定阵列中的项目如何相对于路径的起始方向对齐。

测量：以指定的间隔沿路径分布项目。

定数等分：将指定数量的项目沿路径的长度均匀分布。

> 对齐项目：指定是否对齐每个项目以与路径的方向相切。对齐相对于第一个项目的方向。
>
> Z方向：控制是否保持项目的原始Z方向或沿三维路径自然倾斜项目。
>
> 关闭阵列：退出阵列命令。

5 关闭阵列

单击【关闭阵列】按钮，效果如右图所示。

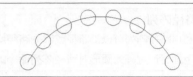

4.2.5 镜像图形对象

通过镜像，可以绕指定轴线翻转对象而创建对称的图像。镜像对于创建对称的对象非常有用。通常可以快速地绘制半个对象，然后将其镜像，而不必绘制整个对象。

下面将通过镜像植物图形为例对镜像命令的应用进行详细介绍，具体操作步骤如下。

1 打开素材文件

打开随书光盘中的"素材\ch04\镜像对象.dwg"文件。

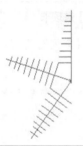

2 镜像对象

选择【修改】➤【镜像】菜单命令并在绘图区域选择下图所示的图形作为镜像对象。

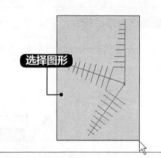

3 镜像线第一点

按【Enter】键确认，然后在绘图区域捕捉下图所示的端点作为镜像线第一点。

4 指定镜像线第二点

在绘图区域垂直向下拖动鼠标并单击以指定镜像线第二点。

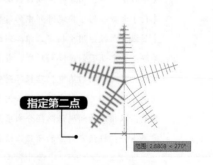

5 命令行提示

命令行提示如下。

要删除源对象吗？ [是(Y)/否(N)] <N>:

提示

在命令行中各选项含义如下。

是：将镜像的图像放置到图形中并删除原始对象。

否：将镜像的图像放置到图形中并保留原始对象。

6 按【Enter】键

按【Enter】键确认，并且不删除源对象，效果如下图所示。

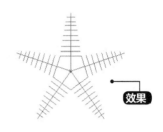

效果

4.2.6 旋转图形对象

利用旋转命令可以围绕基点将选定的对象旋转到一个绝对的角度。

下面将通过旋转圆弧为例对旋转命令的应用进行详细介绍，具体操作步骤如下。

1 打开素材文件

打开随书光盘中的"素材\ch04\旋转对象.dwg"文件。

2 选择圆弧作为旋转对象

选择【修改】➤【旋转】菜单命令并在绘图区域选择下图所示的圆弧作为旋转对象。

选择圆弧

3 捕捉端点为旋转基点

按【Enter】键确认，然后在绘图区域捕捉下图所示的端点作为旋转基点。

端点 捕捉端点

4 命令行提示

命令行提示如下。

指定旋转角度，或 [复制(C)/参照(R)] <0>:

提示

在命令行中各选项含义如下。

旋转角度：决定对象绕基点旋转的角度。旋转轴通过指定的基点，并且平行于当前UCS的Z轴。

复制：创建要旋转的选定对象的副本。

参照：将对象从指定的角度旋转到新的绝对角度。旋转视口对象时，视口的边框仍然保持与绘图区域的边界平行。

5 在命令行输入"90"

在命令行输入"90"并按【Enter】键确认，以指定圆弧的旋转角度，效果如下图所示。

效果

6 选择圆弧为旋转对象

重复执行【旋转】命令并在绘图区域选择下图所示的圆弧作为旋转对象。

选择圆弧

7 捕捉端点为旋转基点

按【Enter】键确认，然后在绘图区域捕捉下图所示的端点作为旋转基点。

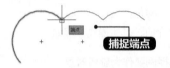

捕捉端点

8 在命令行输入"45"

在命令行输入"45"并按【Enter】键确认，以指定圆弧的旋转角度，效果如下图所示。

效果

9 选择圆弧作为旋转对象

重复执行【旋转】命令并在绘图区域选择下图所示的圆弧作为旋转对象。

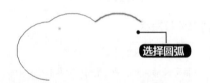

选择圆弧

10 捕捉端点为旋转基点

按【Enter】键确认，然后在绘图区域捕捉下图所示的端点作为旋转基点。

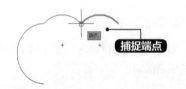

捕捉端点

11 在命令行输入"-90"

在命令行输入"-90"并按【Enter】键确认，以指定圆弧的旋转角度，效果如下图所示。

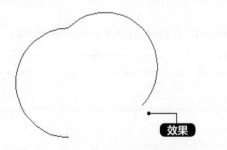

效果

12 选择圆弧为旋转对象

重复执行【旋转】命令并在绘图区域选择下图所示的圆弧作为旋转对象。

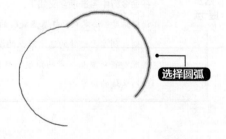

选择圆弧

13 捕捉端点为旋转基点

按【Enter】键确认，然后在绘图区域捕捉下图所示的端点作为旋转基点。

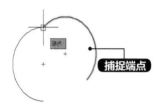

捕捉端点

14 指定圆弧的旋转角度

在命令行输入"-45"并按【Enter】键确认，以指定圆弧的旋转角度，效果如下图所示。

效果

4.2.7 删除图形对象

可以从图形中删除所选定的对象，此方法不会将对象移动到剪贴板（通过剪贴板，随后可以将对象粘贴到其他位置）。如果处理的是三维对象，则还可以删除面、网格和顶点等子对象（不适用于AutoCAD LT）。

【删除】命令执行过程中可以输入选项进行删除对象的选择，例如输入L删除绘制的上一个对象，输入"P"删除前一个选择集，或者输入ALL删除所有对象，还可以输入?以获得所有选项的列表。

【删除】命令的几种常用调用方法如下。

（1）选择【修改】➤【删除】菜单命令。

（2）在命令行中输入【ERASE】或【E】命令并按【Enter】键确认。

（3）单击【默认】选项卡➤【修改】面板中的【删除】按钮 。

（4）单击【修改】工具栏中的【删除】按钮 。

下面通过编辑一个简单二维图形为例对删除命令的应用进行详细介绍，具体操作步骤如下。

1 打开素材文件

打开随书光盘中的"素材\ch04\删除对象.dwg"文件。

2 在命令行输入"F"

选择【修改】➤【删除】菜单命令，然后在命令行输入"F"，并按【Enter】键确认。

命令: _erase

选择对象: f ✓

3 指定第一个栏选点

在绘图区域中单击以指定第一个栏选点，如下图所示。

指定栏选点

4 指定第二个栏选点

在绘图区域中拖动鼠标指针并单击以指定第二个栏选点，如下图所示。

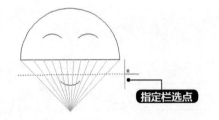

指定栏选点

5 按【Enter】键

按【Enter】键确认，绘图区域显示如下图所示。

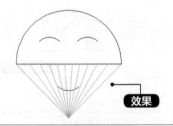

效果

6 效果图

按【Enter】键确认，效果如下图所示。

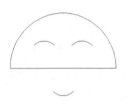

7 选择水平直线段为删除对象

重复【删除】命令，在绘图区域中选择下图所示的水平直线段作为删除对象。

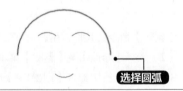

选择圆弧

8 效果图

按【Enter】键确认，效果如下图所示。

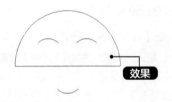

效果

9 选择圆弧作为镜像对象

选择【修改】▶【镜像】菜单命令，在绘图区域中选择下图所示的圆弧作为镜像对象。

选择圆弧

10 单击端点作为镜像线第一点

按【Enter】键确认，然后在绘图区域中单击下图所示的端点作为镜像线的第一点。

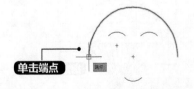

单击端点

11 单击端点作为镜像线第二点

在绘图区域中拖动鼠标指针并单击下图所示的端点作为镜像线的第二点。

单击端点

12 效果图

按【Enter】键确认，并且不删除源对象，
效果如右图所示。

效果

4.3 调整图形对象大小

本节视频教学时间 / 16分钟

在AutoCAD 2016中，可以根据需要对图形对象进行放大或缩小，也可以对图形对象进行修剪
或延伸。下面将分别对相关命令进行详细介绍。

4.3.1 缩放对象

【缩放】命令可以在x、y和z坐标上同比例放大或缩小对象，最终使对象符合设计要求。在对
对象进行缩放操作时，对象的比例保持不变，但其在x、y、z坐标上的数值将发生改变。

下面以缩放树木和轿车图形为例，对缩放命令的应用进行详细介绍，具体操作步骤如下。

1 打开素材文件

打开随书光盘中的"素材\ch04\缩放对
象.dwg"文件。

2 缩放树木

选择【修改】➤【缩放】菜单命令，在绘
图区域中选择下图所示的树木图形作为缩放对
象。

选择图形

3 捕捉象限点作为缩放基点

按【Enter】键确认，并在绘图区域中捕捉
右图所示的象限点作为缩放基点。

捕捉象限点

象限点

4 命令行提示

命令行提示如下。

指定比例因子或 [复制(C)/参照(R)]:

提示

命令行中各选项含义如下。

比例因子：按指定的比例放大选定对象的尺寸。大于1的比例因子使对象放大，介于0和1之间的比例因子使对象缩小。还可以拖动鼠标使对象变大或变小。

复制：创建要缩放的选定对象的副本。

参照：按参照长度和指定的新长度缩放所选对象。

5 在命令行输入"0.5"

在命令行输入"0.5"并按【Enter】键确认，以指定所选对象的缩放比例，效果如下图所示。

效果

6 重复【缩放】命令

重复【缩放】命令，在绘图区域中选择下图所示的轿车图形作为缩放对象。

选择图形

7 捕捉端点为缩放基点

按【Enter】键确认，并在绘图区域中捕捉下图所示的端点作为缩放基点。

捕捉端点

端点

8 在命令行输入"2"

在命令行输入"2"并按【Enter】键确认，以指定所选对象的缩放比例，效果如下图所示。

效果

提示

在缩放对象时，对象的尺寸发生变化，但是对象的形状并没有发生变化，所以缩放后的对象和原来的对象外观是一样的。读者可用测量工具来测量其具体尺寸。

有些编辑命令是2D和3D通用的，如缩放比例、复制和移动等。

4.3.2 拉伸对象

通过【拉伸】命令可改变对象的形状。在AutoCAD 2016中，【拉伸】命令主要用于非等比缩放。

【缩放】命令是对对象的整体进行放大或缩小，也就是说，缩放前后对象的大小发生改变，但其比例和形状保持不变。【拉伸】命令可以对对象进行形状或比例上的改变。

下面以对梯形执行拉伸命令为例，对拉伸命令的应用进行详细介绍，具体操作步骤如下。

1 打开素材文件

打开随书光盘中的"素材\ch04\拉伸对象.dwg"文件。

2 选择区域的第一角点

选择【修改】➤【拉伸】菜单命令，在绘图区域中将鼠标指针移动到如图所示的位置并单击，以指定选择区域的第一角点。

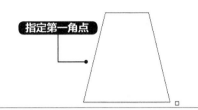

3 选择区域的另一角点

在绘图区域中拖动鼠标指针并单击，以指定选择区域的另一角点。

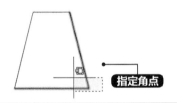

4 按【Enter】键确认

按【Enter】键确认，选择效果如下图所示。

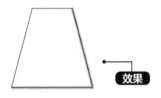

5 捕捉端点作为图形拉伸基点

在绘图区域捕捉下图所示的端点作为图形拉伸基点。

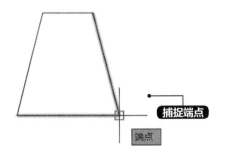

6 命令行提示

命令行提示如下。

指定第二个点或 <使用第一个点作为位移>:
@-5,0

7 效果图

效果如下图所示。

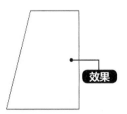

8 指定选择区域的第一角点

重复【拉伸】命令，在绘图区域中将鼠标移动到下图所示的位置并单击，以指定选择区域的第一角点。

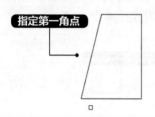

9 指定选择区域的另一角点

在绘图区域中拖动鼠标指针并单击，以指定选择区域的另一角点。

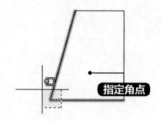

10 效果图

按【Enter】键确认，选择效果如下图所示。

11 捕捉端点作为图形拉伸基点

在绘图区域捕捉下图所示的端点作为图形拉伸基点。

12 命令行提示

命令行提示如下。

指定第二个点或 <使用第一个点作为位移>:
@5,0　✓

13 最终效果

效果如下图所示。

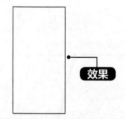

提示　选择拉伸对象时应以交叉窗口选择，如果将整个对象全部窗选，则拉伸相当于移动。

4.3.3　拉长对象

更改对象的长度和圆弧的包含角，可以将更改指定为百分比、增量或最终长度或角度。使用

LENGTHEN即使用TRIM和EXTEND其中之一。

下面以对直线段执行拉长命令为例，对拉长命令的应用进行详细介绍，具体操作步骤如下。

1 打开素材文件

打开随书光盘中的"素材\ch04\拉长对象.dwg"文件。

2 选择【修改】菜单命令

选择【修改】➤【拉长】菜单命令，命令行提示如下。

命令:_lengthen

选择对象或 [增量(DE)/百分数(P)/全部(T)/动态(DY)]:

提示

在命令行中各选项含义如下。

选择对象：显示对象的长度和包含角（如果对象有包含角）。LENGTHEN命令不影响闭合的对象，选定对象的拉伸方向不需要与当前用户坐标系（UCS）的Z轴平行。

增量：以指定的增量修改对象的长度，该增量从距离选择点最近的端点处开始测量。差值还以指定的增量修改圆弧的角度，该增量从距离选择点最近的端点处开始测量，正值扩展对象，负值修剪对象。

百分数：通过指定对象总长度的百分数设定对象长度。

全部：通过指定从固定端点测量的总长度的绝对值来设定选定对象的长度，"全部"选项也按照指定的总角度设置选定圆弧的包含角。

动态：打开动态拖动模式，通过拖动选定对象的端点之一来更改其长度，其他端点保持不变。

---

3 输入相关参数

在命令行输入相关参数并分别按【Enter】键确认。

选择对象或 [增量(DE)/百分数(P)/全部(T)/动态(DY)]: de ✓

输入长度增量或 [角度(A)] <0.0000>: 50 ✓

4 单击

在绘图区域中将鼠标指针移动到下图所示的位置并单击。

5 按【Enter】键

按【Enter】键结束拉长命令，结果如图所示。

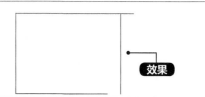

效果

6 重复【拉长】命令

重复【拉长】命令，在命令行输入相关参数并分别按【Enter】键确认。

命令: _lengthen

选择对象或 [增量(DE)/百分数(P)/全部(T)/动态(DY)]: de   ✓

输入长度增量或 [角度(A)] <50.0000>: −25 ✓

7 单击

在绘图区域中将鼠标指针移动到下图所示的位置并单击。

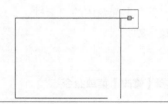

8 按【Enter】键

按【Enter】键结束拉长命令，效果如下图所示。

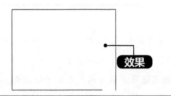

9 重复【拉长】命令

重复【拉长】命令，在命令行输入相关参数并分别按【Enter】键确认。

命令: _lengthen

选择对象或 [增量(DE)/百分数(P)/全部(T)/动态(DY)]: de   ✓

输入长度增量或 [角度(A)] <−25.0000>: 25 ✓

10 单击

在绘图区域中将鼠标指针移动到下图所示的位置并单击。

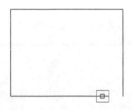

11 结束拉长命令

按【Enter】键结束拉长命令，效果如下图所示。

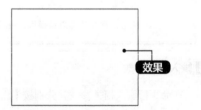

4.3.4 修剪对象

修剪对象可使对象精确地终止于由其他对象定义的边界。下面以修剪直线段为例，对修剪命令的应用进行详细介绍，具体操作步骤如下。

1 打开素材文件

打开随书光盘中的"素材\ch04\修剪对象.dwg"文件。

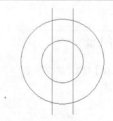

2 选择圆形作为剪切边

选择【修改】➤【修剪】菜单命令，并在绘图区域选择右图所示的圆形作为剪切边。

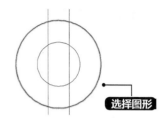

选择图形

3 按【Enter】键

按【Enter】键确认选择对象，命令行提示如下。

选择要修剪的对象，或按住【Shift】键选择要延伸的对象，或

[栏选(F)/窗交(C)/投影(P)/边(E)/删除(R)/放弃(U)]:

提示

命令行中各选项的含义如下。

要修剪的对象：指定修剪对象。

按住【Shift】键选择要延伸的对象：延伸选定对象而不是修剪它们，此选项提供了一种在修剪和延伸之间切换的简便方法。

栏选：选择与选择栏相交的所有对象，选择栏是一系列临时线段，它们是用两个或多个栏选点指定的，选择栏不构成闭合环。

窗交：选择矩形区域（由两点确定）内部或与之相交的对象。

投影：指定修剪对象时使用的投影方式。

边：确定对象是在另一对象的延长边处进行修剪，还是仅在三维空间中与该对象相交的对象处进行修剪。

删除：删除选定的对象，此选项提供了一种用来删除不需要的对象的简便方式，而不需要退出TRIM命令。

放弃：撤消由TRIM命令所做的最近一次修改。

4 单击

在绘图区域中将鼠标指针移动到下图所示的位置并单击。

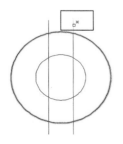

5 效果图

效果如下图所示。

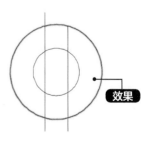

效果

6 按【Enter】键结束修剪命令

继续在其他相应位置处单击，并按【Enter】键结束修剪命令，效果如下图所示。

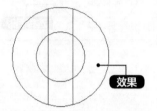

7 重复【修剪】命令

重复【修剪】命令，并在绘图区域选择下图所示的圆形作为剪切边。

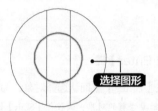

8 按【Enter】键确认选择对象

按【Enter】键确认选择对象，在绘图区域中将鼠标移动到下图所示的位置并单击。

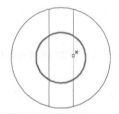

9 单击

在绘图区域中将鼠标指针移动到下图所示的位置并单击。

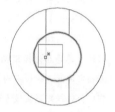

10 结束修剪命令

按【Enter】键结束修剪命令，效果如右图所示。

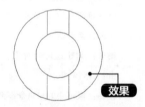

4.3.5　延伸对象

扩展对象以与其他对象的边相接。在延伸对象时需要先选择边界，然后按【Enter】键并选择要延伸的对象。要将所有对象用作边界时，需要在首次出现"选择对象"提示时按【Enter】键。

下面以延伸直线和圆弧图形为例，对延伸命令的应用进行详细介绍，具体操作步骤如下。

1 打开素材文件

打开随书光盘中的"素材\ch04\延伸对象.dwg"文件。

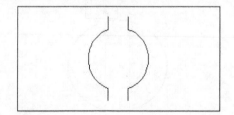

2 选择矩形作为延伸边界

选择【修改】▶【延伸】菜单命令，并在
绘图区域选择右图所示的矩形作为延伸边界。

选择图形

3 按【Enter】键

按【Enter】键确认选择对象，命令行提示如下。

选择要延伸的对象，或按住【Shift】键选择要修剪的对象，或

[栏选(F)/窗交(C)/投影(P)/边(E)/放弃(U)]:

提 示

命令行中的各选项含义如下。

要延伸的对象：指定要延伸的对象。

按住【Shift】键选择要修剪的对象：将选定对象修剪到最近的边界而不是将其延伸，这是在修剪和延伸之间切换的简便方法。

栏选：选择与选择栏相交的所有对象，选择栏是一系列临时线段，它们是用两个或多个栏选点指定的，选择栏不构成闭合环。

窗交：选择矩形区域（由两点确定）内部或与之相交的对象。

投影：指定延伸对象时使用的投影方法。

边：将对象延伸到另一个对象的隐含边，或仅延伸到三维空间中与其实际相交的对象。

放弃：放弃最近由EXTEND所做的更改。

4 单击

在绘图区域中将鼠标指针移动到下图所示的位置并单击。

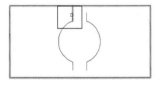

5 效果图

效果如下图所示。

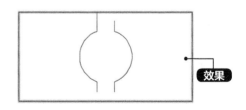

效果

6 按【Enter】键结束延伸命令

继续在其他相应位置处单击，并按【Enter】键结束延伸命令，效果如右图所示。

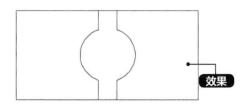

效果

7 重复【延伸】命令

重复【延伸】命令，并在绘图区域选择下图所示的两条垂直直线段作为延伸边界。

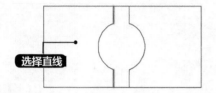

选择直线

9 单击

在绘图区域中将鼠标指针移动到下图所示的位置并单击。

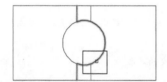

8 确认选择对象

按【Enter】键确认选择对象，在绘图区域中将鼠标指针移动到下图所示的位置并单击。

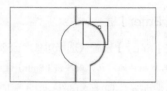

10 按【Enter】键结束延伸命令

按【Enter】键结束延伸命令，效果如下图所示。

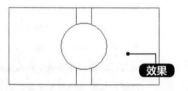

效果

4.4 构造对象

本节视频教学时间 / 16分钟

下面将对AutoCAD 2016中的打断、合并、倒角以及圆角等编辑功能进行详细介绍，其中圆角功能主要用于创建图形中的圆弧结构部分。

4.4.1 打断对象

打断操作可以将一个对象打断为两个对象，在对象之间可以有间隙，也可以没有间隙。

要打断对象而不创建间隙，可以在相同的位置指定两个打断点，也可以在提示输入第二点时输入"@0,0"。

1. 打断（在两点之间打断对象）

在两点之间打断选定对象。可以在选定对象上的两个指定点之间创建间隔，从而将对象打断为两个对象。如果这些点不在对象上，则会自动投影到该对象上。BREAK命令通常用于为块或文字创建空间。

【打断】命令的几种常用调用方法如下。

下面以打断直线段为例，对打断命令的应用进行详细介绍。

1 打开素材文件

打开随书光盘中的"素材\ch04\打断.dwg"文件。

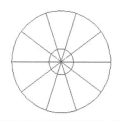

2 选择直线段为打断对象

选择【修改】➤【打断】菜单命令，并在绘图区域中选择下图所示的直线段作为打断对象。

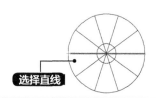

选择直线

3 命令行提示

命令行提示如下。

指定第二个打断点 或 [第一点(F)]:

提示：命令行中各选项含义如下。

第二个打断点：指定用于打断对象的第二个点

第一点：用指定的新点替换原来的第一个打断点

4 在命令行中输入"F"

在命令行中输入"F"并按【Enter】键确认，然后在绘图区域中捕捉下图所示的交点作为第一个打断点。

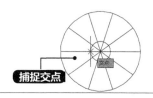

捕捉交点

5 捕捉第二个打断点

在绘图区域中拖动鼠标并捕捉下图所示的交点作为第二个打断点。

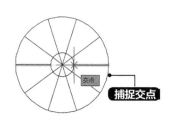

捕捉交点

6 效果图

效果如下图所示。

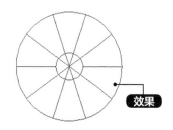

效果

7 重复命令

重复打断命令，打断其他直线，最终效果如右图所示。

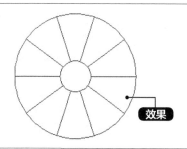

效果

2. 打断于点（在一点打断选定的对象）

在AutoCAD 2016中可以单击【常用】选项卡➤【修改】面板➤【打断于点】按钮，调用【打断于点】命令。

下面将对圆弧图形执行打断于点命令，具体操作步骤如下。

1 打开素材文件

打开随书光盘中的"素材\ch04\打断于点.dwg"文件。

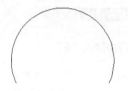

2 选择【常用】选项卡

选择【常用】选项卡➤【修改】面板➤【打断于点】按钮。

3 选择需要打断的对象

在绘图区域中单击以选择需要打断的对象，如下图所示。

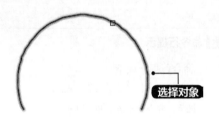

选择对象

4 单击中点

在命令行中提示指定第一个打断点时单击中点，并按【Enter】键确定。

中点

5 效果图

最终效果如下图所示，在圆弧一端单击鼠标，可以看到圆弧显示为两段。

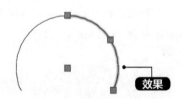

效果

4.4.2 合并对象

使用【合并】命令可以将相似的对象合并为一个完整的对象，还可以通过圆弧和椭圆弧创建完整的圆和椭圆。使用合并命令合并直线的具体操作步骤如下。

1 打开素材文件

打开随书光盘中的"素材\ch04\合并直线.dwg"文件。

2 选择合并源对象

选择【修改】➤【合并】菜单命令，在绘图区域中单击以选择合并源对象，如下图所示。

3 选择合并源对象

在绘图区域中依次单击以选择要合并到源的对象，如下图所示。

4 按【Enter】键确认

按【Enter】键确认，效果如下图所示。

效果

5 重复【合并】命令

重复【合并】命令，在绘图区域中单击以选择其他要合并的对象和要合并到源的对象，按【Enter】键确认，效果如下图所示。

效果

提示

在合并多段线时，对象之间不能有间隙，并且必须位于同一个平面上。

要合并的圆弧或椭圆对象必须位于同一个假想的圆或椭圆上。

4.4.3 创建倒角

倒角操作用于连接两个对象，使它们以平角或倒角相接。下面将对多段线图形执行倒角操作，具体操作步骤如下。

1 打开素材文件

打开随书光盘中的"素材\ch04\倒角.dwg"文件。

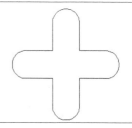

2 选择【修改】菜单命令

选择【修改】➤【倒角】菜单命令，命令行提示如下。

命令: _chamfer

("修剪"模式) 当前倒角距离 1 = 100.0000，距离 2 = 100.0000

选择第一条直线或 [放弃(U)/多段线(P)/距离(D)/角度(A)/修剪(T)/方式(E)/多个(M)]:

提示

命令行中的各选项含义如下。

第一条直线：指定定义二维倒角所需的两条边中的第一条边。

放弃：恢复在命令中执行的上一个操作。

多段线：对整个二维多段线倒角。相交多段线线段在每个多段线顶点被倒角，倒角成为多段线的新线段。如果多段线包含的线段过短以至于无法容纳倒角距离，则不对这些线段倒角。

距离：设定倒角至选定边端点的距离，如果将两个距离均设定为零，CHAMFER将延伸或修剪两条直线，以使它们终止于同一点。

角度：用第一条线的倒角距离和第二条线的角度设定倒角距离。

修剪：控制CHAMFER是否将选定的边修剪到倒角直线的端点。

方式：控制CHAMFER使用两个距离还是一个距离和一个角度来创建倒角。

多个：为多组对象的边倒角。

---

3 在命令行中输入"d"

在命令行中输入"d"，并按【Enter】键确认。

选择第一条直线或 [放弃(U)/多段线(P)/距离(D)/角度(A)/修剪(T)/方式(E)/多个(M)]: d ↙

4 输入第一个倒角距离

在命令行中输入第一个倒角距离，并按【Enter】键确认。

指定 第一个 倒角距离 <0.0000>: 50 ↙

---

5 输入第二个倒角距离

在命令行中输入第二个倒角距离，并按【Enter】键确认。

指定 第二个 倒角距离 <50.0000>: 50 ↙

6 在命令行中输入"m"

在命令行中输入"m"，并按【Enter】键确认。

选择第一条直线或 [放弃(U)/多段线(P)/距离(D)/角度(A)/修剪(T)/方式(E)/多个(M)]: m ↙

---

7 选择第一条直线

在绘图区域中选择下图所示的线段作为第一条直线。

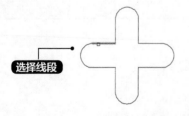

8 选择第二条直线

在绘图区域中选择下图所示的线段作为第二条直线。

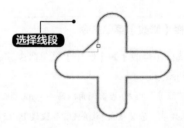

9 **选择第一条直线**

在绘图区域中选择下图所示的线段作为第一条直线。

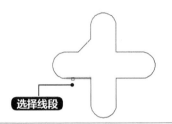

选择线段

10 **选择第二条直线**

在绘图区域中选择下图所示的线段作为第二条直线。

选择线段

11 **重复命令**

重复倒角命令。分别选择其他对象，效果如右图所示。

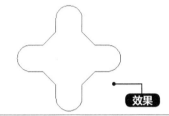

效果

4.4.4 创建圆角

【圆角】命令常用于绘制一些圆角矩形对象，如体育场的跑道、圆形窗户等。

下面以编辑单人沙发图形为例，对圆角命令的操作过程进行详细介绍，具体操作步骤如下。

1 **打开素材文件**

打开随书光盘中的"素材\ch04\单人沙发.dwg"文件。

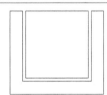

2 **选择【修改】菜单命令**

选择【修改】➤【圆角】菜单命令，命令行提示如下。

命令: _fillet
当前设置: 模式 = 修剪，半径 = 0.0000
选择第一个对象或 [放弃(U)/多段线(P)/半径(R)/修剪(T)/多个(M)]:

3 **在命令行中输入"r"**

在命令行中输入"r"，并按【Enter】键确认。

选择第一个对象或 [放弃(U)/多段线(P)/半径(R)/修剪(T)/多个(M)]: r ✓

4 输入圆角半径

在命令行中输入圆角半径，并按【Enter】键确认。

指定圆角半径 <0.0000>: 80　✓

5 输入"m"

在命令行中输入"m"，并按【Enter】键确认。

选择第一个对象或 [放弃(U)／多段线(P)／半径(R)／修剪(T)／多个(M)]: m　✓

6 选择线段为第一个对象

在绘图区域中选择下图所示的线段作为第一个对象。

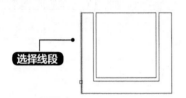

7 选择线段为第二个对象

在绘图区域中选择下图所示的线段作为第二个对象。

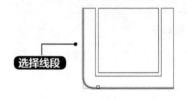

8 选择线段为第一个对象

在绘图区域中选择下图所示的线段作为第一个对象。

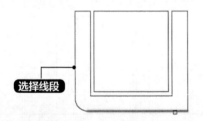

9 选择线段为第二个对象

在绘图区域中选择下图所示的线段作为第二个对象。

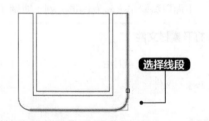

10 效果图

按【Enter】键结束圆角命令，效果如下图所示。

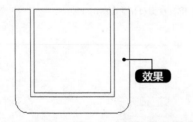

11 重复命令

使用同样的方法，创建半径为"30"的圆角，最终效果如下图所示。

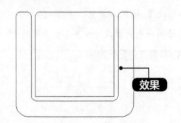

4.5 使用夹点编辑对象

本节视频教学时间 / 2分钟

夹点是一些实心的小方块，默认显示为蓝色，可以对夹点执行拉伸、移动、旋转、缩放或镜像操作，同时还可以对多段线、样条曲线和非关联多段线图案填充对象进行编辑。

4.5.1 夹点的显示与关闭

在AutoCAD 2016中可以根据需要利用【选项】对话框使夹点显示与隐藏。下面将对夹点的显示与隐藏方法进行详细介绍，具体操作步骤如下。

1 【选项】对话框

选择【工具】➤【选项】菜单命令，弹出【选项】对话框，如下图所示。

2 【显示夹点提示】复选框

选择【选择集】选项卡，选中【夹点】区的【显示夹点提示】复选框，可以显示夹点。

4.5.2 使用夹点拉伸对象

通过移动选定的夹点，可以拉伸对象。

1 打开素材文件

打开随书光盘中的"素材\ch04\夹点.dwg"文件。

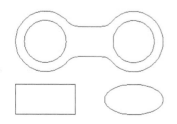

2 选择矩形对象

在绘图区域中选择矩形对象，如下图所示。

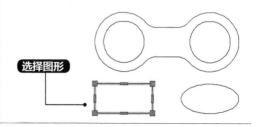

选择图形

3 选择夹点

在绘图区域中单击选择下图所示的夹点。

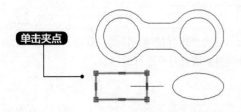

4 单击

在绘图区域中拖动鼠标指针，将夹点移动到下图所示的位置并单击。

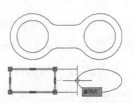

5 退出显示

按【Esc】键退出，最终效果如下图所示。

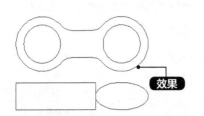

> **提示** 此外，还可以使用夹点移动和旋转对象，具体操作与使用夹点拉伸对象类似，这里不再赘述。

在AutoCAD 2016中包含对多段线、样条曲线和非关联多段线图案填充对象的编辑，框选这些对象的夹点形式也不相同。

4.6 实战演练——绘制古典窗户立面

本节视频教学时间 / 11分钟

本实例将综合利用【多段线】【镜像】【复制】【移动】和【删除】命令绘制古典窗户立面图，具体操作步骤如下。

1. 绘制多段线1

1 打开素材文件

打开随书光盘中的"素材\ch04\古典窗户立面图.dwg"文件。

2 捕捉节点作为多段线的起点

选择【绘图】▶【多段线】菜单命令，并捕捉下图所示的节点作为多段线的起点。

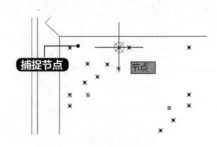

3 捕捉线段下一点

在绘图区域中拖动鼠标指针并捕捉下图所示的节点作为多段线的下一点。

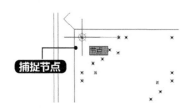

4 捕捉线段下一点

在绘图区域中拖动鼠标指针并捕捉下图所示的节点作为多段线的下一点。

5 命令行提示

命令行提示如下。

指定下一点或 [圆弧(A)/闭合(C)/半宽(H)/长度(L)/放弃(U)/宽度(W)]: a ✓

指定圆弧的端点或
[角度(A)/圆心(CE)/闭合(CL)/方向(D)/半宽(H)/直线(L)/半径(R)/第二个点(S)/放弃(U)/宽度(W)]: s ✓

6 圆弧的第二个点

在绘图区域中拖动鼠标指针并捕捉下图所示的节点作为多段线圆弧的第二个点。

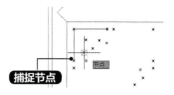

7 圆弧的端点

在绘图区域中拖动鼠标指针并捕捉下图所示的节点作为多段线圆弧的端点。

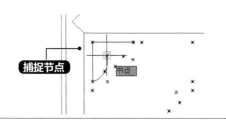

8 命令行提示

命令行提示如下。

指定圆弧的端点或
[角度(A)/圆心(CE)/闭合(CL)/方向(D)/半宽(H)/直线(L)/半径(R)/第二个点(S)/放弃(U)/宽度(W)]: s ✓

9 圆弧的第二个点

在绘图区域中拖动鼠标指针并捕捉下图所示的节点作为多段线圆弧的第二个点。

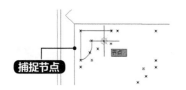

10 圆弧的端点

在绘图区域中拖动鼠标指针并捕捉下图所示的端点作为多段线圆弧的端点。

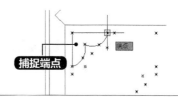

11 效果图

按【Enter】键结束多段线命令，效果如右图所示。

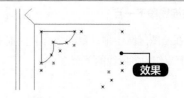

2. 绘制多段线2

1 多段线的起点

选择【绘图】➤【多段线】菜单命令，并捕捉下图所示的节点作为多段线的起点。

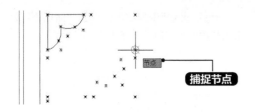

2 多段线的下一点

在绘图区域中拖动鼠标指针并捕捉下图所示的节点作为多段线的下一点。

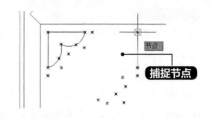

3 多段线的下一点

在绘图区域中拖动鼠标指针并捕捉下图所示的节点作为多段线的下一点。

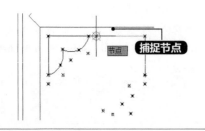

4 命令行提示

命令行提示如下。

指定下一点或 [圆弧(A)/闭合(C)/半宽(H)/长度(L)/放弃(U)/宽度(W)]: a ↙

指定圆弧的端点或

[角度(A)/圆心(CE)/闭合(CL)/方向(D)/半宽(H)/直线(L)/半径(R)/第二个点(S)/放弃(U)/宽度(W)]: s ↙

5 圆弧的第二个点

在绘图区域中拖动鼠标指针并捕捉下图所示的节点作为多段线圆弧的第二个点。

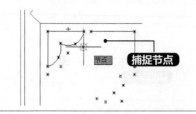

6 圆弧的端点

在绘图区域中拖动鼠标指针并捕捉下图所示的节点作为多段线圆弧的端点。

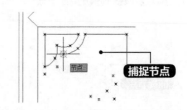

7 命令行提示

命令行提示如下。

指定圆弧的端点或

[角度(A)/圆心(CE)/闭合(CL)/方向(D)/半宽
(H)/直线(L)/半径(R)/第二个点(S)/放弃(U)/宽
度(W)]: s　✓

8 圆弧的第二个点

在绘图区域中拖动鼠标指针并捕捉下图所
示的节点作为多段线圆弧的第二个点。

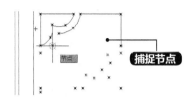

9 圆弧的端点

在绘图区域中拖动鼠标指针并捕捉下图所
示的端点作为多段线圆弧的端点。

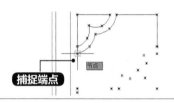

10 命令行提示

命令行提示如下。

指定圆弧的端点或

[角度(A)/圆心(CE)/闭合(CL)/方向(D)/半宽
(H)/直线(L)/半径(R)/第二个点(S)/放弃(U)/宽
度(W)]: l　✓

11 多段线的下一点

在绘图区域中拖动鼠标指针并捕捉下图所
示的节点作为多段线的下一点。

12 多段线的下一点

在绘图区域中拖动鼠标指针并捕捉下图所
示的节点作为多段线的下一点。

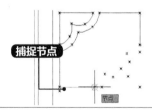

13 命令行提示

命令行提示如下。

指定下一点或 [圆弧(A)/闭合(C)/半宽(H)/长
度(L)/放弃(U)/宽度(W)]: a

指定圆弧的端点或

[角度(A)/圆心(CE)/闭合(CL)/方向(D)/半宽
(H)/直线(L)/半径(R)/第二个点(S)/放弃(U)/宽
度(W)]: s　✓

14 重复操作

重复操作，绘制下图所示的多段线。

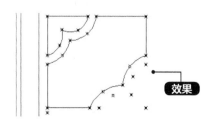

3. 绘制多段线3

1 多段线的起点

　　选择【绘图】➤【多段线】菜单命令，并捕捉下图所示的节点作为多段线的起点。

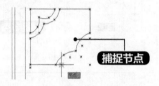

2 重复操作

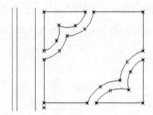

4. 执行第一次镜像操作

1 镜像对象

　　选择【修改】➤【镜像】菜单命令，在绘图区域选择下图所示的三条闭合多段线作为镜像对象，并按【Enter】键确认。

2 镜像线的第一点

　　在绘图区域中捕捉下图所示的端点作为镜像线的第一点。

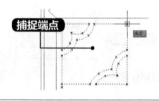

3 镜像线的第二点

　　在绘图区域中拖动鼠标指针并捕捉下图所示的端点作为镜像线的第二点。

4 按【Enter】键

　　按【Enter】键确认，并且不删除源对象，效果如下图所示。

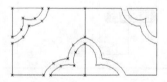

5 移动对象

　　选择【修改】➤【移动】菜单命令，在绘图区域捕捉下图所示的三条闭合多段线作为移动对象，并按【Enter】键确认。

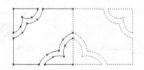

6 移动的基点

　　在绘图区域捕捉下图所示的端点作为移动的基点。

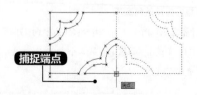

7 命令行提示

命令行提示如下。

指定第二个点或 <使用第一个点作为位移>:

@20,0　✓

8 效果图

效果如下图所示。

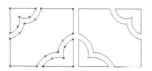

9 镜像对象

重复镜像操作，选择第一次镜像后的所有对象，以下方的两个节点的连线为镜像线，并且不删除源对象，镜像后的效果如右图所示。

5. 执行复制操作并删除节点

1 选择【修改】菜单命令

选择【修改】▶【复制】菜单命令，在绘图区域选择下图所示的12条闭合多段线作为复制对象，并按【Enter】键确认。

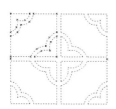

2 复制基点

在绘图区域中捕捉下图所示的节点作为复制的基点。

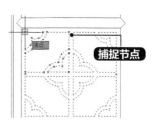

3 复制目标点

在绘图区域中拖动鼠标指针并捕捉下图所示的节点作为复制的目标点。

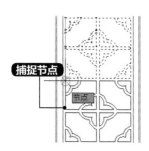

4 复制目标点

继续在绘图区域中拖动鼠标指针并捕捉下图所示的节点作为复制的目标点。

5 结束复制命令

按【Enter】键结束复制命令，效果如下图所示。

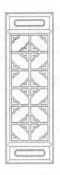

6 选择所有节点

在绘图区域中选择所有节点，按【Delete】键将所选节点删除，如下图所示。

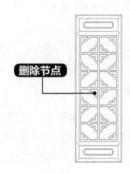

删除节点

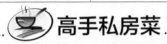 高手私房菜

技巧：使用【Shift】键同时移动多夹点

当需要一次移动几何图形中的多个夹点时，可以采用下面的操作方法进行。

1 打开素材文件

打开随书光盘中的"素材\ch04\同时移动多夹点.dwg"文件。

2 选择正八边形对象

在绘图区域中选择正八边形对象，可以看到八边形的所有交点及中点均显示蓝色小方块。

3 选择两个交点和一个中点

按住【Shift】键并用鼠标选择下面两个交点和一个中点，可以看到所选择的点变成了红色。

4 移动多个夹点

用鼠标选择其中的一个红点进行拖曳，就可以一次移动多个夹点。然后在适当的位置单击以确定夹点的新位置，效果如下图所示。

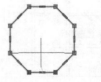

第**5**章
文字与表格

重点导读 ······················

本章视频教学时间：32分钟

在绘图时需要对图形进行文本标注和说明。AutoCAD 2016提供了强大的文字和表格功能，可以帮助用户创建文字和表格，从而标注图样的非图信息，使设计和施工人员对图形一目了然。

学习效果图

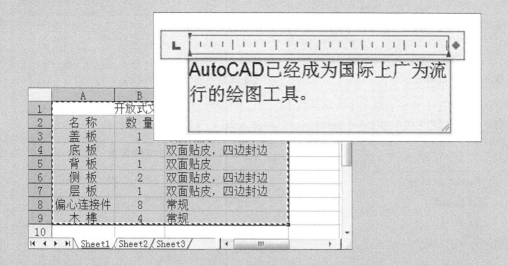

5.1 创建文字样式

本节视频教学时间 / 6分钟

　　创建文字样式是进行文字注释的首要任务。在AutoCAD 2016中，文字样式用于控制图形中所使用文字的字体、宽度和高度等参数。在一幅图形中可定义多种文字样式以适应工作的需要。比如，在一幅完整的图纸中需要定义说明性文字的样式、标注文字的样式和标题文字的样式等。在创建文字注释和尺寸标注时，AutoCAD 2016通常使用当前的文字样式。也可以根据具体要求重新设置文字样式或创建新的样式。

　　下面创建一个新的文字样式，并设置新建文字样式的文字高度为10，倾斜角度为30。具体操作步骤如下。

1 打开【文字样式】对话框

　　选择【格式】➤【文字样式】菜单命令，弹出【文字样式】对话框，如下图所示。

2 设置新的样式名称

　　单击【新建】按钮，弹出【新建文字样式】对话框，将新的文字样式命名为"样式1"。

3 查看新命名的样式

　　单击【确定】按钮后返回【文字样式】对话框，在【样式】栏下多了一个新样式名称"样式1"。

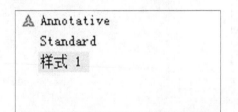

4 设置当前样式为新样式

　　选中"样式1"，单击【置为当前】按钮，把"样式1"设置为当前样式。

5 设置"样式1"的相关属性

　　设置"样式1"的相关属性，在【高度】一栏中输入"10"，并单击【应用】按钮。

6 设置【倾斜角度】

在【倾斜角度】一栏中输入"30"，并单击【应用】按钮。

5.2 输入与编辑单行文字

本节视频教学时间 / 5分钟

可以使用单行文字命令创建一行或多行文字，在创建多行文字时，通过按【Enter】键来结束每一行。其中每行文字都是独立的对象，可对其进行重定位、调整格式或进行其他修改。

设置单行文字的对齐方式的具体操作步骤如下。

1 选择菜单命令

选择【绘图】➤【文字】➤【单行文字】菜单命令，命令行提示如下。

命令: _text

当前文字样式: "Standard" 文字高度: 2.5000 注释性: 否 对正: 左

指定文字的起点 或 [对正(J)/样式(S)]:

3 输入文字对齐方式

在命令行中输入文字的对其方式"BL"后按【Enter】键确认，在绘图区域单击以指定文字的左下点。

2 输入参数

在命令行中输入文字的对正参数"J"并按【Enter】键确认，命令行提示如下。

输入选项 [左(L)/居中(C)/右(R)/对齐(A)/中间(M)/布满(F)/左上(TL)/中上(TC)/右上(TR)/左中(ML)/正中(MC)/右中(MR)/左下(BL)/中下(BC)/右下(BR)]:

4 输入文字的高度

在命令行中输入文字的高度"30"并按【Enter】键确认。

指定高度 <2.5000>: 30

5 输入文字的旋转角度

在命令行中输入文字的旋转角度"15"，并按【Enter】键确认。

指定文字的旋转角度 <0>: 15

6 输入文字内容后结束命令

在绘图区域输入文字内容"AutoCAD 2016从新手到高手"后按【Enter】键换行，继续按【Enter】键结束命令。

7 显示结果

当选中文字时会出现两个夹点，如右图所示。

5.3 输入与编辑多行文字

本节视频教学时间 / 5分钟

在AutoCAD 2016中可以使用【多行文字】命令创建多行文字对象，输入完成后还可以对其进行编辑操作。

1. 输入多行文字

1 选择菜单命令

选择【绘图】▶【文字】▶【多行文字】菜单命令，在绘图区域中单击以指定文本输入框的第一个角点。

2 指定文本输入框的另一个角点

在绘图区域中拖动鼠标指针并单击以指定文本输入框的另一个角点，如下图所示。

3 显示【文字编辑器】窗口

系统弹出【文字编辑器】窗口，如下图所示。

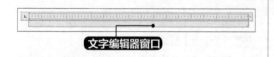

4 设置文字高度

在【文字编辑器】功能区上下文选项卡中将文字高度设置为"3"，如下图所示。

5 输入文字内容

在【文字编辑器】窗口中输入文字内容，如下图所示。

6 显示结果

单击【关闭文字编辑器】按钮，效果如下图所示。

AutoCAD已经成为国际上广为流行的绘图工具。

2. 编辑多行文字

下面将对多行文字的编辑过程进行详细介绍，具体操作步骤如下。

1 打开素材文件

打开随书光盘中的"素材\ch05\编辑多行文字.dwg"文件。

2 选择需要编辑的对象

选择【修改】▶【对象】▶【文字】▶【编辑】菜单命令，在绘图区域中选择多行文字对象作为需要编辑的对象。

3 显示【文字编辑器】窗口

系统弹出【文字编辑器】窗口，如下图所示。

4 选择所有文字对象

在【文字编辑器】窗口中选择所有文字对象，如下图所示。

5 设置文字类型

在【文字编辑器】功能区的上下文选项卡中将文字的字体类型设置为"华文行楷"，如下图所示。

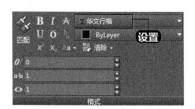

6 结束文字编辑命令并显示结果

单击【关闭文字编辑器】按钮并按【Enter】键结束多行文字编辑命令，效果如下图所示.

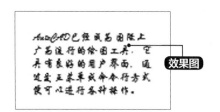

7 打开【文字编辑器】窗口

双击绘图区域中的多行文字对象，系统弹出【文字编辑器】窗口，如下图所示。

8 选择编辑对象

在【文字编辑器】窗口中选择下图所示的部分文字对象作为编辑对象。

9 设置文字属性

在【文字编辑器】功能区的上下文选项卡中单击斜体按钮 *I* 和下划线按钮 **U**，并将字体颜色更改为"蓝色"，如下图所示。

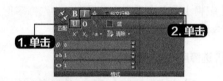

1. 单击　　2. 单击

10 显示结果

单击【关闭文字编辑器】按钮 ✕，效果如下图所示。

5.4 创建表格

本节视频教学时间 / 10分钟

表格是在行和列中包含数据的对象，可以从空表格或表格样式创建表格对象。

表格使用行和列以一种简洁清晰的形式提供信息，常用于一些组件的图形中。表格样式用于控制一个表格的外观，用于保证标准的字体、颜色、文本、高度和行距。用户可以使用默认的表格样式，也可以根据需要自定义表格样式。

5.4.1 创建表格样式

表格的外观由表格样式控制，用户可以使用默认表格样式STANDARD，也可以创建自己的表格样式。

在创建新的表格样式时，可以指定一个起始表格。起始表格是图形中用作设置新表格样式的样例表格。一旦选定表格，用户即可指定要从此表格复制到表格样式的结构和内容。

下面将对新表格样式的创建过程进行详细介绍，具体操作步骤如下。

1 打开【表格样式】对话框

选择【格式】▶【表格样式】菜单命令，弹出【表格样式】对话框，如下图所示。

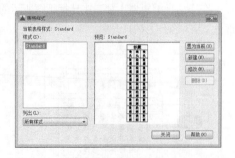

2 设置新的样式名称

单击【新建】按钮，弹出【创建新的表格样式】对话框，输入新表格样式的名称为ability，如下图所示。

❸ 打开【新建表格样式：ability】对话框

单击【继续】按钮，弹出【新建表格样式：ability】对话框，如下图所示。

❹ 更改表格的填充颜色

在右侧【常规】选项卡下更改表格的填充颜色为"蓝色"，如下图所示。

❺ 设置边框

选择【边框】选项卡，更改表格的线宽为"0.13"。然后单击下面的【所有边框】按钮 ⊞，将设置应用于所有边框。

❻ 显示结果

单击【确定】按钮后返回【表格样式】对话框，在【样式】区域中显示"ability"表格样式的创建结果，如下图所示。

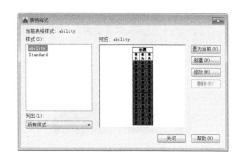

5.4.2 创建表格

创建空的表格对象。表格是在行和列中包含数据的复合对象，可以通过空的表格或表格样式创建空的表格对象。

❶ 打开素材文件

打开随书光盘中的"素材\ch05\创建表格.dwg"文件。

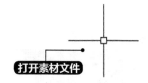

打开素材文件

2 打开【插入表格】对话框

选择【绘图】▶【表格】菜单命令，弹出【插入表格】对话框，如下图所示。

4 指定插入点

单击【确定】按钮，然后在绘图区域单击以指定插入点，如下图所示。

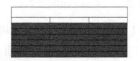

6 输入表格的标题

系统弹出【文字编辑器】窗口，输入表格的标题"三年级各班募捐情况"，如下图所示。

3 设置行列

设置表格列数为"3"，数据行数为"6"，如下图所示。

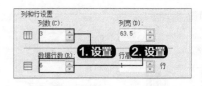

5 更改文字大小

在【文字编辑器】功能区的上下文选项卡中更改文字大小为"10"，如下图所示。

7 显示结果

单击【关闭文字编辑器】按钮✕，效果如下图所示。

5.4.3 向表格中添加内容

表格创建完成后，用户可以通过向表格中添加内容以完善表格，下面将对表格内容的添加方法进行详细介绍，具体操作步骤如下。

1 打开素材文件

打开随书光盘中的"素材\ch05\向表格中添加内容.dwg"文件。

2 设置文字对齐方式

选中所有单元格，单击鼠标右键弹出快捷菜单，选择【对齐】▶【正中】命令以使输入的文字位于单元格的正中。

3 打开【文字编辑器】窗口

在绘图区域中双击要添加内容的单元格，弹出【文字编辑器】窗口，如下图所示。

4 更改文字大小

在【文字编辑器】功能区的上下文选项卡中更改文字大小为"8"，如下图所示。

5 进行输入

在【文字编辑器】窗口中输入"班级"，如下图所示。

6 显示结果

单击【关闭文字编辑器】按钮，效果如下图所示。

7 重复输入步骤并显示最终结果

重复上述步骤，继续在其他单元格中输入相关内容，效果如右图所示。

提 示　在选中单元格时按【F2】键或双击单元格可快速输入文字。

5.5 实战演练——添加技术要求

本节视频教学时间 / 4分钟

下面将利用【多行文字】命令为链轮零件图添加技术要求，具体操作步骤如下。

1. 新建文字样式

1 打开素材文件

打开随书光盘中的"素材\ch05\链轮零件图.dwg"文件。

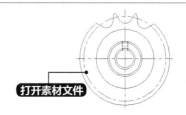

打开素材文件

2 打开【文字样式】对话框

选择【格式】▶【文字样式】菜单命令，系统弹出【文字样式】对话框，如下图所示。

3 打开【新建文字样式】对话框

单击【新建】按钮，系统弹出【新建文字样式】对话框，如下图所示。

4 显示新样式

单击【确定】按钮，效果如下图所示。

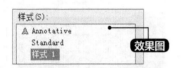

5 将【样式1】设置为当前

选择【样式1】，然后单击【置为当前】按钮。

6 进行相应参数设置

在【文字样式】对话框中进行相应参数设置，如下图所示。

7 完成设置并关闭对话框

单击【应用】按钮，并关闭【文字样式】对话框。

2. 输入多行文字

1 选择菜单命令

选择【绘图】▶【文字】▶【多行文字】菜单命令，在绘图区域中单击以指定文本输入框的第一个角点。

2 指定文本输入框的另一个角点

在绘图区域中拖动鼠标指针并单击以指定文本输入框的另一个角点，如下图所示。

3 显示【文字编辑器】窗口

系统弹出【文字编辑器】窗口，如下图所示。

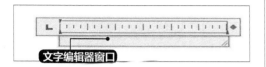

4 输入文字内容

在【文字编辑器】窗口中输入文字内容，如下图所示。

5 显示结果

单击【关闭文字编辑器】按钮 ✕ ，效果如右图所示。

3. 编辑多行文字

1 选择菜单命令

选择【修改】▶【对象】▶【文字】▶【编辑】菜单命令，在绘图区域中单击以选择多行文字对象作为需要编辑的对象。

2 显示【文字编辑器】窗口

系统弹出【文字编辑器】窗口，如下图所示。

3 选择编辑对象

在【文字编辑器】窗口中选择下图所示的部分文字作为编辑对象。

4 更改对象

单击【文字编辑器】选项卡下【插入】组中的【符号】按钮，在弹出的下拉列表中选择"度数 %%d"选项，即可将选择的对象更改为符号"。"，效果如下图所示。

5 作为编辑对象的文字

在【文字编辑器】窗口中选择右图所示的部分文字作为编辑对象。

6 设置文字高度

在【文字编辑器】功能区的上下文选项卡中将文字高度设置为"3.5"，如下图所示。

7 显示结果

单击【关闭文字编辑器】按钮 ✕，效果如下图所示。

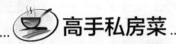
高手私房菜

技巧：在AutoCAD中插入Excel表格

如果需要在AutoCAD 2016中插入Excel表格，则可以按照以下方法进行。

1 打开素材文件

打开随书光盘中的"素材\ch05\Excel表格.xls"文件。

2 复制内容

选择并复制Excel中的内容，如下图所示。

3 选择【选择性粘贴】选项

在AutoCAD中单击【默认】选项卡下【剪贴板】面板中的【粘贴】按钮，在弹出的下拉列表中选择【选择性粘贴】选项。

4 选择【AutoCAD图元】选项

在弹出的【选择性粘贴】对话框中选择【AutoCAD图元】选项。

5 完成插入Excel中的表格

单击【确定】按钮，移动鼠标至合适位置并单击，即可将Excel中的表格插入AutoCAD。

第6章
尺寸标注

本章视频教学时间：25分钟

零件的大小和形状取决于工程图中的尺寸，图纸设计得是否合理与工程图中的尺寸设置也是紧密相连的，所以尺寸标注是工程图中的一项重要内容。

学习效果图

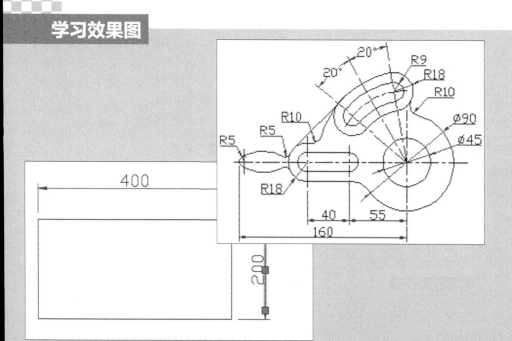

6.1 尺寸标注规则和组成

本节视频教学时间 / 2分钟

绘制图形的根本目的是反映对象的形状，而图形中各个对象的大小和相互位置只有经过尺寸标注才能表现出来。AutoCAD 2016提供了一套完整的尺寸标注命令，用户使用它们足以完成图纸中要求的尺寸标注。

6.1.1 尺寸标注规则

在AutoCAD 2016中，对绘制的图形进行尺寸标注时应当遵循以下规则。

（1）对于对象的真实大小应以图样上所标注的尺寸数值为依据，与图形的大小及绘图的准确度无关。

（2）图形中的尺寸以毫米（mm）为单位时，不需要标注计量单位的代号或名称。如果采用其他的单位，则必须注明相应计量单位的代号或名称。

（3）在图形中所标注的尺寸应为该图形所表示的对象的最后完工尺寸，否则应另加说明。

（4）对于对象的每一个尺寸一般只标注一次。

6.1.2 尺寸标注的组成

在工程绘图中，一个完整的尺寸标注一般由尺寸线、尺寸界线、尺寸箭头和尺寸文字这4部分组成。

6.1.3 尺寸标注的步骤

在AutoCAD 2016中对图形进行尺寸标注时，通常应按照以下步骤进行。

1 打开【标注样式管理器】对话框进行设置	**2** 对图形进行标注
选择【格式】▶【标注样式】菜单命令，利用弹出的【标注样式管理器】对话框设置标注样式。	使用对象捕捉等功能对图形中的元素进行标注。

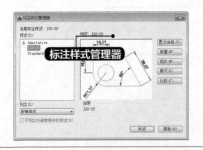

6.2 尺寸标注样式

本节视频教学时间 / 5分钟

AutoCAD 2016有多种标注方式，可以实现图形对象不同情况下的标注需求。下面将对各种标注方式的应用方法进行详细介绍。

6.2.1 新建标注样式

尺寸标注样式用于控制尺寸标注的外观，如箭头的样式、文字的位置及尺寸界线的长度等，设置尺寸标注可以确保所绘图纸中的尺寸标注符合行业或项目标准。

在AutoCAD 2016中，用户可以使用【标注样式管理器】对话框创建新的标注样式。

【标注样式管理器】对话框的几种常用调用方法如下。

（1）选择【格式】➤【标注样式】菜单命令。

（2）选择【标注】➤【标注样式】菜单命令。

（3）在命令行中输入【DIMSTYLE】或【D】命令并按【Enter】键确认。

（4）单击【默认】选项卡➤【注释】面板中的【标注样式】按钮。

（5）单击【标注】工具栏中的【标注样式】按钮。

（6）单击【样式】工具栏中的【标注样式】按钮。

6.2.2 修改尺寸标注样式

可以在【修改标注样式】对话框中进行标注样式的修改操作，该对话框选项与【新建标注样式】对话框选项相同。下面将对标注样式的修改过程进行详细介绍，具体操作步骤如下。

1 打开素材文件

打开随书光盘中的"素材\ch06\修改标注样式.dwg"文件。

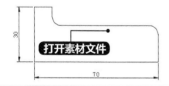

2 打开【标注样式管理器】对话框

选择【格式】➤【标注样式】菜单命令，弹出【标注样式管理器】对话框，如下图所示。

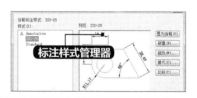

3 选择【线】选项卡

单击【修改】按钮，弹出【修改标注样式：ISO-25】对话框，选择【线】选项卡，如右图所示。

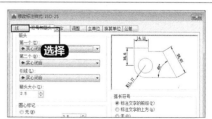

4 进行【尺寸线】参数设置

在【尺寸线】区域按下图所示进行参数设置。

5 进行【尺寸界线】参数设置

在【尺寸界线】区域按下图所示进行参数设置。

6 进行【箭头】参数设置

选择【符号和箭头】选项卡，在【箭头】区域按下图所示进行参数设置。

7 进行【文字外观】参数设置

选择【文字】选项卡，在【文字外观】区域按下图所示进行参数设置。

8 返回【标注样式管理器】对话框

在【新建标注样式：副本ISO-25】对话框中单击【确定】按钮，系统返回【标注样式管理器】对话框。

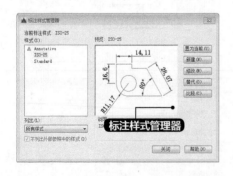

9 显示结果

单击【关闭】按钮关闭【标注样式管理器】对话框，效果如下图所示。

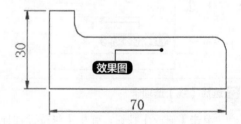

6.3 尺寸标注

本节视频教学时间 / 13分钟

尺寸标注包括标注线性尺寸、角度尺寸、直径尺寸、半径尺寸、多重引线以及快速标注等。

6.3.1 标注线性尺寸

使用水平、竖直或旋转的尺寸线创建线性标注。此命令替换DIMHORIZONTAL和DIMVERTICAL命令。

【线性】标注命令的几种常用调用方法如下。

（1）选择【标注】▶【线性】菜单命令。

（2）在命令行中输入【DIMLINEAR】或【DIMLIN】命令并按【Enter】键确认。

（3）单击【默认】选项卡▶【注释】面板中的【线性】按钮 。

（4）单击【标注】工具栏中的【线性】按钮 。

下面以标注矩形边长为例，对线性标注命令的应用进行详细介绍。

1 打开素材文件

打开随书光盘中的"素材\ch06\线性标注.dwg"文件。

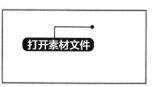

2 选择菜单命令并捕捉原点

选择【标注】▶【线性】菜单命令，在绘图区域中捕捉下图所示的端点作为第一个尺寸界线的原点。

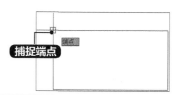

3 捕捉第二个原点

在绘图区域中拖动鼠标指针并捕捉下图所示的端点作为第二个尺寸界线的原点。

4 显示命令行

命令行提示如下。

```
指定尺寸线位置或
[多行文字(M)/文字(T)/角度(A)/水平(H)/垂直(V)/旋转(R)]:
```

5 设置尺寸线的位置

在绘图区域中拖动鼠标指针并单击以指定尺寸线的位置，如下图所示。

6 显示结果

效果如下图所示。

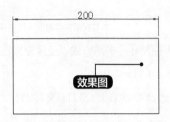

7 重复步骤标注另外一条边

重复上述步骤，对矩形的另外一条边进行线性尺寸标注，效果如下图所示。

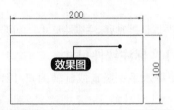

6.3.2 标注角度尺寸

角度尺寸标注用于标注两条直线之间的夹角、三点之间的角度以及圆弧的角度。AutoCAD 2016提供了【角度】命令来创建角度尺寸标注。

下面以标注三角形内角为例，对角度标注命令的应用进行详细介绍。

1 打开素材文件

打开随书光盘中的"素材\ch06\角度标注.dwg"文件。

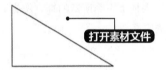

2 选择菜单命令

选择【标注】➤【角度】菜单命令，命令行提示如下。

选择圆弧、圆、直线或 <指定顶点>：

3 选择第一条直线

在绘图区域中单击以选择第一条直线，如下图所示。

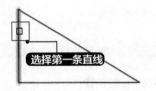

4 选择第二条直线

在绘图区域中拖动鼠标指针并单击以选择第二条直线，如下图所示。

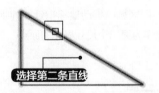

5 显示命令行

命令行提示如下。

指定标注弧线位置或 [多行文字(M)/文字(T)/角度(A)/象限点(Q)]：

6 确定尺寸线的位置

在绘图区域中拖动鼠标指针并单击以确定尺寸线的位置，如下图所示。

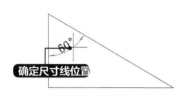

7 显示结果

效果如下图所示。

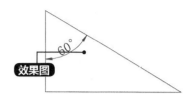

8 重复步骤标注另外一个内角

重复上述步骤，对三角形的另外一个内角进行角度标注，效果如右图所示。

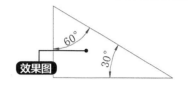

6.3.3 标注直径尺寸

直径尺寸常用于标注圆的大小。在标注时，AutoCAD 2016将自动在标注文字前添加直径符号"Φ"。

下面以标注圆形的直径为例，对直径标注命令的应用进行详细介绍。

1 打开素材文件

打开随书光盘中的"素材\ch06\直径标注.dwg"文件

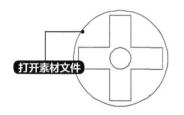

2 选择标注对象

选择【标注】➤【直径】菜单命令，在绘图区域中选择下图所示的圆形作为标注对象。

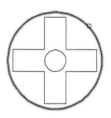

3 显示命令行

命令行提示如下。

指定尺寸线位置或 [多行文字(M)/文字(T)/角度(A)]：

4 指定尺寸线的位置

在绘图区域中拖动鼠标指针并单击以指定尺寸线的位置，如下图所示。

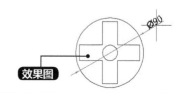

5 显示结果

效果如下图所示。

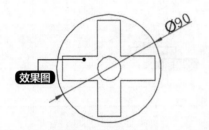

6 重复步骤标注另外一个圆形

重复上述步骤，对另外一个圆形进行直径标注，效果如下图所示。

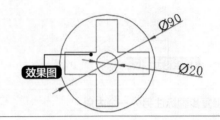

6.3.4 标注半径尺寸

半径尺寸常用于标注圆弧和圆角。在标注时，AutoCAD将自动在标注文字前添加半径符号"R"。

下面以标注圆弧半径为例，对半径标注命令的应用进行详细介绍。

1 打开素材文件

打开随书光盘中的"素材\ch06\半径标注.dwg"文件。

2 选择圆弧作为标注对象

选择【标注】▶【半径】菜单命令，在绘图区域中选择下图所示的圆弧作为标注对象。

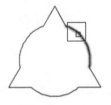

3 显示命令行

命令行提示如下。

指定尺寸线位置或 [多行文字(M)/文字(T)/角度(A)]:

4 指定尺寸线的位置

在绘图区域中拖动鼠标指针并单击以指定尺寸线的位置，如下图所示。

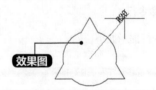

5 显示结果

效果如右图所示。

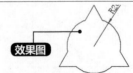

6.3.5 标注多重引线

引线注释是由箭头、直线和注释文字组成的，AutoCAD 2016提供了【多重引线】命令来创建引线注释。

下面将对建筑填充图案进行多重引线标注，具体操作步骤如下。

1 打开素材文件

打开随书光盘中的"素材\ch06\多重引线.dwg"文件。

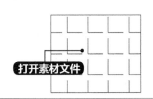

2 选择菜单命令

选择【标注】➤【多重引线】菜单命令，命令行提示如下。

```
指定引线箭头的位置或 [引线基线优先(L)/内容优先
(C)/选项(O)] <选项>：
```

3 指定引线箭头的位置

在绘图区域中单击以指定引线箭头的位置，如下图所示。

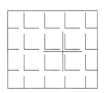

4 指定引线基线的位置

在绘图区域中拖动鼠标指针并单击以指定引线基线的位置，如下图所示。

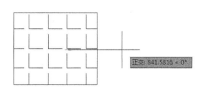

5 输入文字内容

系统弹出【文字编辑器】窗口，输入文字内容"满铺600*600地砖"，如图所示。

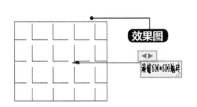

6 显示结果

单击【关闭文字编辑器】按钮，结果如图所示。

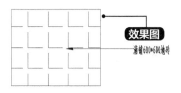

6.3.6 快速标注

为了提高标注尺寸的速度，AutoCAD 2016提供了【快速标注】命令。启用【快速标注】命令后，一次选择多个图形对象，AutoCAD 2016将自动完成标注操作。

下面将对【快速标注】命令的应用进行详细介绍，具体操作步骤如下。

1 打开素材文件

　　打开随书光盘中的"素材\ch06\快速标注.dwg"文件。

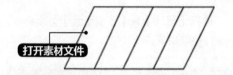

2 选择标注对象

　　选择【标注】▶【快速标注】菜单命令，在绘图区域中选择下图所示的部分区域作为标注对象，并按【Enter】键确认。

3 显示命令行

　　命令行提示如下。

```
指定尺寸线位置或 [连续(C)/并列(S)/基线(B)/坐标(O)/半径(R)/直
径(D)/基准点(P)/编辑(E)/设置(T)] <连续>：
```

4 指定尺寸线的位置

　　在绘图区域中拖动鼠标指针并单击以指定尺寸线的位置，如下图所示。

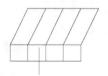

5 显示结果

　　效果如下图所示。

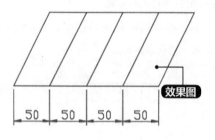

6.4 实战演练——标注挂轮架零件图

本节视频教学时间 / 5分钟

　　本案例素材文件是一幅尺寸不详的挂轮架零件图。下面将综合利用线性标注、半径标注、直径标注和角度标注对挂轮架零件图进行尺寸标注，具体操作步骤如下。

1. 添加线性标注

1 打开素材文件

　　打开随书光盘中的"素材\ch06\挂轮架.dwg"文件。

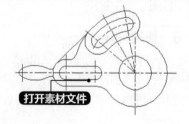

2 捕捉第一个原点

选择【标注】➤【线性】菜单命令，在绘图区域中捕捉下图所示的象限点作为第一个尺寸界线的原点。

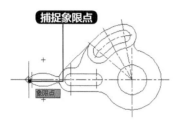

3 捕捉第二个原点

在绘图区域中拖动鼠标指针并捕捉下图所示的端点作为第二个尺寸界线的原点。

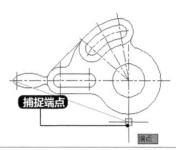

4 指定尺寸线的位置

在绘图区域中拖动鼠标指针并单击以指定尺寸线的位置，如下图所示。

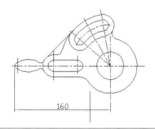

5 显示结果

效果如下图所示。

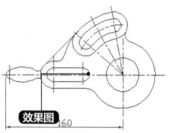

6 重复步骤标注挂轮架图形的其他位置

重复上述步骤，对挂轮架图形的其他位置进行线性尺寸标注，效果如右图所示。

2. 添加半径标注

1 选择标注对象

选择【标注】➤【半径】菜单命令，在绘图区域中选择下图所示的圆弧作为标注对象。

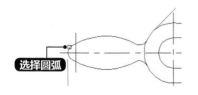

2 指定尺寸线的位置

在绘图区域中拖动鼠标指针并单击以指定尺寸线的位置，如下图所示。

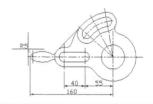

3 显示结果

效果如下图所示。

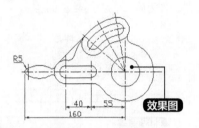

4 标注挂轮架图形的其他位置

重复上述步骤，对挂轮架图形的其他位置进行半径尺寸标注，效果如下图所示。

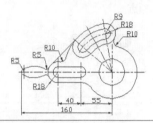

3. 添加直径标注

1 选择标注对象

选择【标注】▶【直径】菜单命令，在绘图区域中选择下图所示的圆弧作为标注对象。

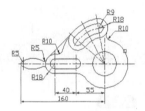

2 指定尺寸线的位置

在绘图区域中拖动鼠标指针并单击以指定尺寸线的位置，如下图所示。

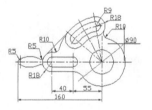

3 显示结果

效果如下图所示。

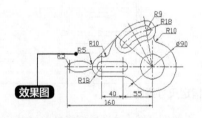

4 标注挂轮架图形的其他位置

重复上述步骤，对挂轮架图形的其他位置进行直径尺寸标注，效果如下图所示。

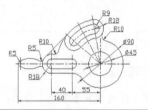

4. 添加角度标注

1 选出第一条直线

选择【标注】▶【角度】菜单命令，在绘图区域中选择右图所示的点划线作为第一条直线。

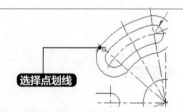

2 选出第二条直线

在绘图区域中拖动鼠标指针并单击以选择下图所示的点划线作为第二条直线。

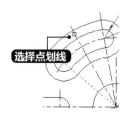

3 确定尺寸线的位置

在绘图区域中拖动鼠标指针并单击以确定尺寸线的位置，如下图所示。

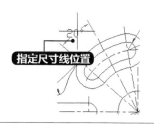

4 显示结果

效果如下图所示。

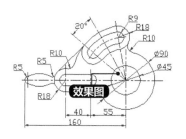

5 标注挂轮架图形的其他位置

重复上述步骤，对挂轮架图形的其他位置进行角度标注，效果如下图所示。

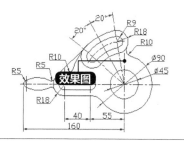

高手私房菜

技巧1：在图形上标注尺寸公差

在利用AutoCAD软件绘制机械图时，经常会遇到标注尺寸公差的情况。设计人员需要根据尺寸公差代号查找国家标准极限偏差表，找出该尺寸的极限偏差数值，按照一定的格式在图中标注。可以利用AutoCAD提供的【尺寸样式管理器】对话框设置当前尺寸标注样式的替代样式。

在替代样式中设置公差的形式是极限偏差或对称偏差等，然后输入偏差数值及偏差文字高度和位置，如下图所示。用此替代样式标注的尺寸都将带有所设置的公差文字，直至取消该样式替代。若要标注不同的尺寸公差则需要重复上述过程，建立一个新的样式替代。

提示

在这一操作过程中用户必须使用系统给出的默认基本尺寸文本，否则系统不予标注偏差，只标注基本尺寸，这样就会给用户的尺寸偏差标注工作造成不便。

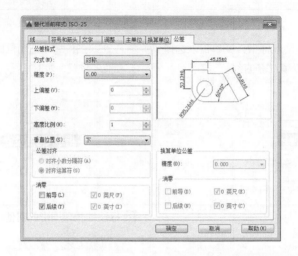

技巧2：如何修改尺寸标注的关联性

尺寸标注是否关联由系统变量"DIMASO"控制，当"DIMASO=1"时尺寸标注"关联"，这也是CAD的默认选项。当"DIMASO=0"时尺寸标注为"非关联"。

1 打开素材文件

打开随书光盘中的"素材\ch06\修改尺寸标注的关联性.dwg"文件。

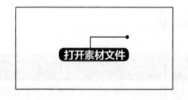

2 选择标注对象

选择【标注】▶【线性】菜单命令，对矩形的水平边界进行线性标注，标注完成后对标注对象进行单击选择，整个标注对象全部被选中。

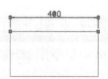

3 在命令行进行输入

在命令行输入"DIMASO"，当提示输入新值的时候，输入"0"。

命令：DIMASO

输入 DIMASO 的新值 <开(ON)>：0

不再支持 DIMASO，DIMASSOC 已被设置为 0。

4 完成标注

执行【线性】标注命令，对矩形的垂直边界进行线性标注，标注完成后对标注对象进行单击选择，只有被单击部分会被选中。

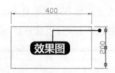

第7章

图块与属性

本章视频教学时间：18分钟

重点导读 ···

在绘图时可以创建块、插入块、定义属性、修改属性和编辑属性。AutoCAD 2016提供了强大的块和属性功能，可以帮助用户插入块和编辑属性，极大地提高绘图效率。

学习效果图

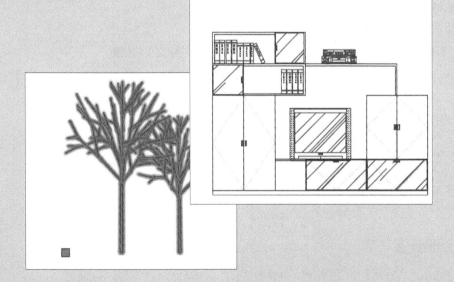

7.1 块

本节视频教学时间 / 9分钟

使用块可以提高CAD绘图时的工作效率，保证工作质量。

7.1.1 了解块的概念

图块是一组图形实体的总称，在图形中需要插入某些特殊符号时会经常用到该功能。在应用过程中，CAD图块将作为一个独立的、完整的对象来操作，在图块中各部分图形可以拥有各自的图层、线型、颜色等特征。用户可以根据需要按指定比例和角度将图块插入到指定位置。

CAD图块是作为一个实体插入的，在应用过程中只保存图块的整体特征参数，而不需要保存图块中每一个实体的特征参数，因此在复杂图形中应用图块功能可以有效节省磁盘空间。

在应用图块的过程中，如果修改或重定义一个已定义的图块，系统将自动更新当前图形中已插入的所有相关图块。

块可以是绘制在几个图层上的不同颜色、线型和线宽特性的对象的组合。尽管块总是在当前图层上，但块参照保存了有关包含在该块中的对象的原图层、颜色和线型特性的信息。可以控制块中的对象是保留其原特性还是继承当前图层的颜色、线型或线宽设置。

7.1.2 创建内部块

在AutoCAD 2016中，用户通常可以使用对话框或命令行进行内部块的创建，下面将分别进行详细介绍。

1. 使用对话框创建块

下面将对使用对话框创建块的方法进行详细介绍，具体操作步骤如下。

1 打开素材文件

打开随书光盘中的"素材\ch07\使用对话框创建块.dwg"文件。

打开素材文件

2 【块定义】对话框

选择【绘图】▶【块】▶【创建】菜单命令，弹出【块定义】对话框，如下图所示。

块定义对话框

3 组成块的对象

单击【选择对象】前的按钮，并在绘图区域中选择右图所示的图形对象作为组成块的对象。

4 单击【拾取点】前的 按钮

按【Enter】键以确认，返回【块定义】
对话框，为块添加名称【花瓶】，单击【拾取
点】前的 按钮。

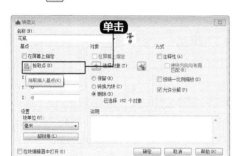

5 指定插入基点

在绘图区域中单击以指定插入基点，如下
图所示。

6 返回【块定义】对话框

返回【块定义】对话框，单击【确定】按
钮完成操作。

2. 使用命令行创建块

下面对使用命令行创建块的方法进行详细介绍。

1 打开素材文件

打开随书光盘中的"素材\ch07\使用命令
行创建块.dwg"文件。

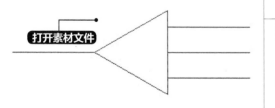

2 输入"–b"

在命令行中输入"–b"并按【Enter】键确
认。

命令: –B

3 输入"电缆密封终端"

在命令行中输入块名称"电缆密封终端"
并按【Enter】键确认。

输入块名或 [?]: 电缆密封终端

4 指定基点

在绘图区域中单击以指定基点，如右图所
示。

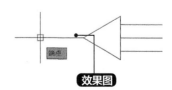

5 组成块的对象

在绘图区域中选择下图所示的图形对象作为组成块的对象。

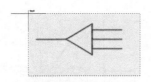

6 结束命令

按【Enter】键确认以结束命令。

7.1.3　创建外部块

将选定对象保存到指定的图形文件或将块转换为指定的图形文件。

在命令提示下输入"-WBLOCK"将显示标准文件选择对话框，从中可以按照命令行提示指定新图形文件的名称。如果FILEDIA系统变量设置为0，将不显示该标准文件选择对话框。

【写块】对话框的几种常用调用方法如下。

（1）在命令行中输入【-WBLOCK】或【-W】命令并按【Enter】键确认。

（2）单击【插入】选项卡▶【块定义】面板中的【写块】按钮。

下面将对外部块的创建方法进行详细介绍，具体操作步骤如下。

1 打开素材文件

打开随书光盘中的"素材\ch07\电容符号.dwg"文件。

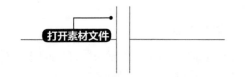

2 单击【选择对象】前的按钮

在命令行中输入"wblock"命令后按【Enter】键，弹出【写块】对话框，单击【选择对象】前的 按钮。

3 选择对象

在绘图区选择对象，并按【Enter】键确认。

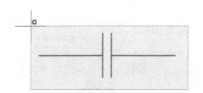

4 选择插入基点

单击【拾取点】前的按钮，在绘图区选择下图所示的点作为插入基点。

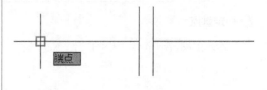

5 设置保存路径

在【文件名和路径】栏中可以设置保存路径。

6 单击【确定】按钮

设置完成后单击【确定】按钮。

7.2 插入块

本节视频教学时间 / 3分钟

在插入块时可以指定它的位置、缩放比例和旋转度。

如果插入的块所使用的图形单位与当前图形单位不同，则块将自动按照两种单位相比的等价比例因子进行缩放。

下面将为墙体图形插入"门"图块，具体操作步骤如下。

1 打开素材文件

打开随书光盘中的"素材\ch07\墙体.dwg"文件。

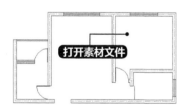

2 【插入】对话框

选择【插入】▶【块】菜单命令，弹出【插入】对话框，如下图所示。

3 捕捉端点作为插入点

单击【名称】下拉列表，选择【门】图块，然后单击【确定】按钮，并在绘图区域中捕捉下图所示的端点作为插入点。

4 效果图

效果如下图所示。

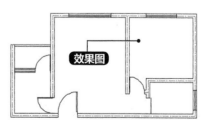

7.3 设置插入基点

本节视频教学时间 / 2分钟

设置插入基点能够确定要插入对象的插入点的位置。设置插入基点的具体操作步骤如下。

1 打开素材文件

打开随书光盘中的"素材\ch07\设置插入基点.dwg"文件。

2 输入名称

选择【绘图】▶【块】▶【创建】命令，弹出【块定义】对话框，输入块名称为"block1"。

3 单击按钮

单击【选择对象】前的 ✛ 按钮。

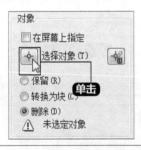

4 选择对象

在绘图区选择对象，按【Enter】键确认。

5 单击【拾取点】前的按钮

返回【块定义】对话框。单击【拾取点】前的 按钮。

6 选择插入基点

在绘图区选择下图所示的点作为插入基点。

7 单击【确定】按钮

返回到【块定义】对话框,单击【确定】按钮完成设置。

7.4 实战演练——完善电视柜立面图

本节视频教学时间 / 2分钟

本节通过案例来介绍块与属性的应用。

电视柜在家庭中较为常见,下面将利用插入块的方式完善电视柜立面图,具体操作步骤如下。

1 打开素材文件

打开随书光盘中的 "素材\ch07\电视柜.dwg" 文件。

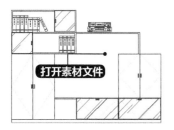

打开素材文件

2【插入】对话框

选择【插入】▶【块】菜单命令,弹出【插入】对话框。

3 选择【hgh】图块

单击【名称】下拉列表,选择【hgh】图块,如下图所示。

选择

4 单击【确定】按钮

单击【确定】按钮,在命令行中输入【fro】并按【Enter】键确认,命令行提示如下。

指定插入点或 [基点(B)/比例(S)/X/Y/Z/旋转(R)]: fro 基点: ↙

5 捕捉端点作为基点

在绘图区域中捕捉下图所示的端点并将其作为基点。

选择端点作为基点

6 输入偏移值

在命令行中输入偏移值并按【Enter】键确认,命令行提示如下。

指定插入点或 [基点(B)/比例(S)/X/Y/Z/旋转(R)]: fro 基点: <偏移>: @185,0

7 效果图

效果如下图所示。

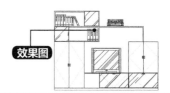

效果图

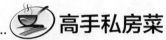 高手私房菜

下面将对图块的使用技巧进行详细介绍。

技巧1：以图块的形式打开无法修复的文件

当文件遭到损坏并且无法修复的时候，可以尝试使用下面的方法打开该文件。

1 新建文件

新建一个AutoCAD文件，然后选择【插入】▶【块】菜单命令，弹出【插入】对话框，如下图所示。

2 单击【浏览】按钮

单击【浏览】按钮，弹出【选择图形文件】对话框，浏览相应文件并且单击【打开】按钮，系统返回到【插入】对话框，如下图所示。

3 单击【确定】按钮

单击【确定】按钮，按命令行提示即可完成操作。

技巧2：调整块的大小

在插入模块时需要注意命令行中的提示，并根据提示输入x、y、z这3个方向的比例因子。同时，在调整块的大小时需要注意以下几点。

①当整体大小需要改动时，可以使用SCALE进行比例缩放。

②当不进行等比改动时，可以直接调整插入块的比例。

③可以使用"refedit"命令进入内部进行调整。

第 8 章

图层

在AutoCAD 2016中为了方便进行管理操作，图层上的对象通常采用该图层的特性。利用图层可以控制对象的可见性以及指定特性，因此使用图层可以简单、有效地管理AutoCAD对象。

学习效果图

8.1 了解图层的基本概念

本节视频教学时间 / 3分钟

图层是AutoCAD 2016中较为常用的图形管理工具。下面将对图层的基本概念、图层的用途以及图层的特点进行详细介绍。

1. 图层的基本概念

图层相当于重叠的透明图纸，每张图纸上面的图形都具备自己的颜色、线宽、线型等特性，将所有图纸上面的图形绘制完成后，可以根据需要对其进行相应的隐藏或显示，将会得到最终的图形需求结果。

对于下面左图中的桌椅图纸，可以理解为是由桌子和椅子两张透明的重叠图纸组合而成的，如下面的右图所示。

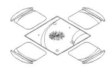 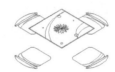

2. 图层的用途

为方便对AutoCAD对象进行统一管理和修改，用户可以把类型相同或相似的对象指定给同一图层。下面列举了几项常见的图层管理功能。

（1）为图层上的对象指定统一的颜色、线型、线宽等特性。

（2）设置某图层上的对象是否可见，以及是否被编辑。

（3）设置是否打印某图层上的对象。

3. 图层的特点

AutoCAD 2016中的新建图形均包含一个名称为"0"的图层，对于该图层无法进行删除或重命名。下面介绍了图层"0"的主要特点。

（1）图层"0"可以确保每个图形至少包含一个可用图层。

（2）图层"0"是一个特殊图层，可以提供与块中的控制颜色相关的参数。

> **提示**
>
> 图层"0"应尽量用于放置图块，可以根据需要多创建几个图层，然后在其他相应的图层上进行图形的绘制。

8.2 创建图层

本节视频教学时间 / 2分钟

在AutoCAD 2016中，可以在一个文件中创建多个图层，而且图层创建完成后可以对其进行相应修改编辑。

根据工作需要，可以在一个工程文件中创建多个图层，而每个图层可以控制相同属性的对象。

【图层】命令的几种常用调用方法如下。

（1）选择【格式】▶【图层】菜单命令。

（2）在命令行中输入【LAYER】或【LA】命令并按【Enter】键确认。

（3）单击【默认】选项卡▶【图层】面板中的【图层特性】按钮。

（4）单击【图层】工具栏中的【图层特性管理器】按钮。

下面将以创建"图层1"为例，对新图层的创建过程进行详细介绍，具体操作步骤如下。

1 打开素材文件

打开随书光盘中的"素材\ch08\创建新图层.dwg"文件。

2【图层特性管理器】对话框

选择【格式】▶【图层】菜单命令，系统弹出【图层特性管理器】对话框，如下图所示。

3 单击【新建图层】按钮

单击【图层特性管理器】对话框中的【新建图层】按钮。

4【图层特性管理器】对话框

【图层特性管理器】对话框显示如下图所示。

5 效果图

按【Enter】键确认，新图层创建效果如下图所示。

提示　在AutoCAD 2016中，创建的新图层默认名字为"图层1"。新图层将继承图层列表中当前选定图层的特性，比如颜色或开关状态等。

8.3 设置图层

本节视频教学时间 / 10分钟

设置图层可以改变图层名和图层的任意特性（包括颜色和线型）。

因为图形中的所有内容都与图层关联，所以在规划和创建图形的过程中首先要设置所需要的图层和各个图层的特性，比如标注层、轮廓层、家具层和说明层等。

8.3.1 设置图层状态

设置图层状态主要包括保存图层设置和恢复图层设置两种。

● 保存图层设置

图层设置包括图层状态和图层特性。在命名图层状态中，可以选择要在以后恢复的图层状态和图层特性。例如，可以选择只恢复图层中图层的"冻结/解冻"设置，而忽略所有其他设置。在恢复该命名图层状态时，除了每个图层的冻结或解冻设置以外，其他设置都保持当前设置。

● 恢复图层设置

在恢复图层状态时，将恢复保存图层状态时指定的图层设置（图层状态和图层特性）。用户可以指定要在图层状态管理器中恢复的特定设置。未选定的图层特性设置在图层中保持不变。

8.3.2 设置图层名称

为不同的图层设置不同的名称可以便于对图层的管理。设置图层名称的具体操作步骤如下。

1 打开素材文件

打开随书光盘中的"素材\ch08\图层名称.dwg"文件。

打开素材文件

2【图层特性管理器】对话框

选择【格式】➤【图层】菜单命令，系统弹出【图层特性管理器】对话框，如下图所示。

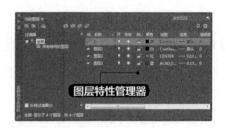

图层特性管理器

3 选择【重命名图层】命令

在"图层1"上单击鼠标右键，系统弹出快捷菜单，选择【重命名图层】命令，如下图所示。

选择

4 效果图

输入图层的新名称"轮廓线"，并按【Enter】键确认，效果如下图所示。

效果图

5 更改名称

重复上述步骤，更改"图层2"的名称为"中心线"，更改"图层3"的名称为"虚线"，效果如右图所示。

效果图

提示 在选中图层时，可以按【F2】键进行快速重命名。

8.3.3　设置图层开关

打开或关闭选定图层。当图层打开时，它可见并且可以打印。当图层关闭时，它不可见并且不能打印（即使已打开"打印"选项）。

1 打开素材文件

打开随书光盘中的"素材\ch08\图层开关.dwg"文件。

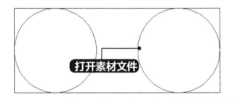

2 【图层特性管理器】对话框

选择【格式】▶【图层】菜单命令，系统弹出【图层特性管理器】对话框，如下图所示。

3 选择图层关闭

单击【圆形】后面的灯泡💡，使当前选择图层关闭，如下图所示。

4 效果图

效果如下图所示，圆形处于不显示状态。

5 选择图层打开

单击【椭圆形】后面的灯泡💡，使当前选择图层打开，如下图所示。

6 效果图

效果如下图所示，椭圆形处于显示状态。

8.3.4　设置图层冻结

冻结所有视口中选定的图层，包括"模型"选项卡。可以冻结图层来提高ZOOM、PAN或其他若干操作的运行速度，提高对象选择性能并减少复杂图形的重生成时间。

设置图层冻结后将不会显示、打印、消隐或重生成冻结图层上的对象。在支持三维建模的图形中，将无法渲染它们（不适用于AutoCAD LT）。

1 打开素材文件

打开随书光盘中的"素材\ch08\图层冻结.dwg"文件。

2【图层特性管理器】对话框

选择【格式】➤【图层】菜单命令，系统弹出【图层特性管理器】对话框，如下图所示。

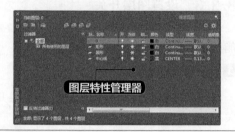

3 选择图层冻结

单击【矩形】后面的冻结 ☼，使当前选择图层冻结，如下图所示。

4 效果图

效果如下图所示，矩形处于关闭状态。

5 选择图层解冻

单击【圆形】后面的冻结 ❄，使当前选择图层解冻，如下图所示。

6 效果图

效果如下图所示，圆形处于显示状态。

8.3.5　设置图层锁定

锁定和解锁选定图层，用户将无法修改锁定图层上的对象。

1 打开素材文件

打开随书光盘中的"素材\ch08\图层锁定.dwg"文件。

2 单击下拉按钮 ▼

单击【图层】工具栏中的下拉按钮 ▼，如下图所示。

3 单击【人物】前面的 🔓 图标

单击【人物】前面的 🔓 图标，使当前选择图层锁定，如下图所示。

4 人物图形被锁定

当把光标放置到人物图形上时将出现一个 🔒 图标，表明人物图形被锁定。

8.3.6 设置图层颜色

更改与选定图层关联的颜色，单击颜色名称可以显示"选择颜色"对话框。

1 打开素材文件

打开随书光盘中的"素材\ch08\图层颜色.dwg"文件。

2 【图层特性管理器】对话框

选择【格式】➤【图层】菜单命令，系统弹出【图层特性管理器】对话框，如下图所示。

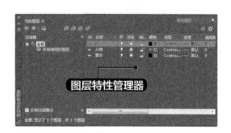

3 【选择颜色】对话框

单击【童车】图层后面的颜色 ■，系统弹出【选择颜色】对话框，从中选择【蓝色】，如下图所示。

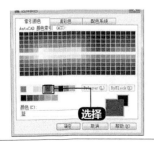

4 效果图

单击【确定】按钮，【童车】图层中的图形对象显示为【蓝色】，效果如下图所示。

8.3.7　设置图层线型

更改与选定图层关联的线型，单击线型名称可以显示"选择线型"对话框。

1 打开素材文件

打开随书光盘中的"素材\ch08\图层线型.dwg"文件。

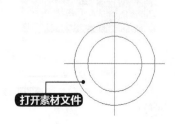

打开素材文件

2【图层特性管理器】对话框

选择【格式】➤【图层】菜单命令，系统弹出【图层特性管理器】对话框，如下图所示。

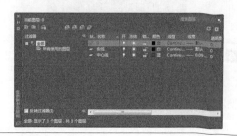

3【选择线型】对话框

单击【中心线】后面的线型Continuous，系统弹出【选择线型】对话框，如下图所示。

选择线型对话框

4 效果图

单击【加载】按钮，系统弹出【加载或重载线型】对话框，从中选择【CENTER】线型，如下图所示。

选择

5 选择【CENTER】线型

单击【确定】按钮，系统返回【选择线型】对话框，从中选择【CENTER】线型，如下图所示。

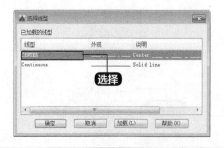

选择

6 效果图

单击【确定】按钮，在绘图区域中【中心线】层的图形会以【CENTER】线型显示，如下图所示。

效果图

8.4 实战演练——更改电视柜当前显示状态

本节视频教学时间 / 1分钟

下面将利用【特性匹配】命令更改电视柜的显示状态，具体操作步骤如下。

1 打开素材文件

打开随书光盘中的"素材\ch08\电视柜.dwg"文件。

2 直线段对象作为源对象

选择【修改】➤【特性匹配】菜单命令，在绘图区域中选择下图所示的直线段对象作为源对象。

3 直线段对象作为目标对象

在绘图区域中拖动鼠标指针并选择下图所示的直线段对象作为目标对象。

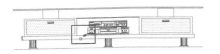

4 按【Enter】键

按【Enter】键确认，效果如下图所示。

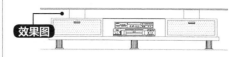

 高手私房菜

下面将对"顽固"图层的删除方法进行详细介绍。

技巧1：如何删除"顽固"图层

在一幅图形文件中，如果使用的图层太多，又不好选中进行删除，则可以使用以下方法来删除。

方法一：关闭无用图层后将剩余图层复制到新文件

先将无用的图层关闭，然后选择剩余的全部图层并进行复制，之后将复制的图层粘贴至一个新的文件中。此时，那些无用的图层就不会被粘贴过来了。

提示　如果在这个不要的图层中定义有块，而在另一个图层中又插入了这个块，那么对于这个不要的图层则不能使用这种方法进行删除。

方法二：另存文件

1 将文件类型指定为"*.DXF"格式

打开一个AutoCAD文件，把要删除的图层关闭，在绘图窗口中只保留需要的可见图形，然后选择"文件"➤"另存为"命令，确定文件名及保存路径后，将文件类型指定为"*.DXF"格式。

2 选择【DXF选项】选项卡

在弹出的"另存为选项"对话框中选择【DXF选项】选项卡，并勾选"选择对象"复选框。如下图所示。

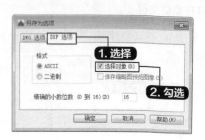

3 完成对象的保存

单击"另存为选项"对话框中的"确定"按钮后，系统自动返回至"图形另存为"对话框。单击"保存"按钮，系统自动进入绘图窗口，在绘图窗口中选择需要保留的图形对象，然后按【Enter】键确认并退出当前文件即可完成相应对象的保存。在新文件中无用的图块被删除。

技巧2：快速改变对象的图层

在利用AutoCAD绘图的过程中可以快速将其他图层的对象切换至当前图层，以改变其显示状态。

1 打开素材文件

打开随书光盘中的"素材\ch08\快速改变图形对象所在图层.dwg"文件，如下图所示。

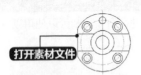

2 选择中心线

选择图中的中心线，如下图所示。

3 选择"点划线"层

单击【常用】选项卡➤【图层】面板中的图层选项，选择"点划线"层，如下图所示。

4 效果图

效果如下图所示。

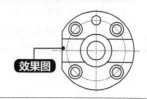

第 9 章
绘制和编辑三维图形

在三维界面内，除了可以绘制简单的三维图形外，还可以绘制三维曲面和三维实体。AutoCAD 2016为用户提供了强大的三维图形绘制功能。

学习效果图

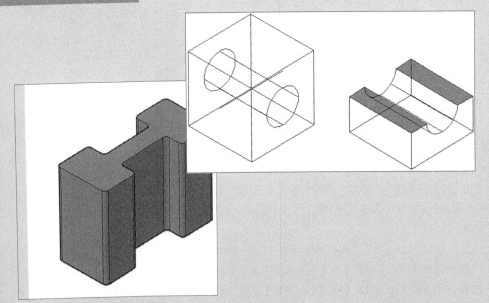

9.1 三维建模空间与三维视图

本节视频教学时间 / 3分钟

　　三维图形是在三维建模空间下完成的,因此在创建三维图形之前,首先应该将绘图空间切换到三维建模模式。

　　视图是指从不同角度观察三维模型，对于复杂的图形可以通过切换视图样式来从多个角度全面观察图形。

9.1.1　三维建模空间

　　关于切换工作空间的方法，除了本书之前介绍的两种方法外，还有以下两种方法。

　　（1）选择【工具】▶【工作空间】▶【三维建模】菜单命令。

　　（2）在命令行输入【WSCURRENT】命令并按【Space】键然后输入"三维建模"。

　　切换到三维建模空间后，可以看到三维建模空间是由快速访问工具栏、菜单栏、选项卡、控制面板和绘图区和状态栏组成的集合，使用用户可以在专用的、面向任务的绘图环境中工作。三维建模空间如下图所示。

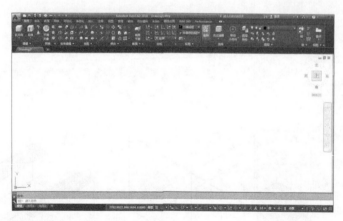

9.1.2　三维视图

　　三维视图可分为标准正交视图和等轴测视图。

　　标准正交视图分为俯视、仰视、主视、左视、右视和后视。

　　等轴测视图包括SW（西南）等轴测、SE（东南）等轴测、NE（东北）等轴测和 NW（西北）等轴测。

　　在AutoCAD 2016中切换【三维视图】通常有以下4种方法。

　　（1）选择菜单栏中的【视图】▶【三维视图】▶菜单命令。

　　（2）单击【常用】选项卡▶【视图】面板▶【三维导航】下拉列表。

　　（3）单击【可视化】选项卡▶【视图】面板▶下拉列表。

（4）单击绘图窗口左上角的视图控件。

不同视图下显示的效果也不相同，例如同一个齿轮，在"西南等轴测"视图下效果如下面的左图所示。而在"西北等轴测"视图下的效果如下面的右图所示。

9.2 视觉样式

本节视频教学时间 / 8分钟

视觉样式是用于观察三维实体模型在不同视觉下的效果，在AutoCAD 2016中程序提供了10种视觉样式，用户可以切换到不同的视觉样式来观察模型。

9.2.1 视觉样式的分类

AutoCAD 2016中的视觉样式有10种类型：二维线框、概念、隐藏、真实、着色、带边缘着色、灰度、勾画、线框和X射线。程序默认的视觉样式为二维线框。

在AutoCAD 2016中切换【视觉样式】通常有以下4种方法。

（1）选择菜单栏中的【视图】➤【视觉样式】➤菜单命令，如下面的左图所示。

（2）单击【常用】选项卡➤【视图】面板➤【视觉样式】下拉列表，如下面的中图所示。

（3）单击【可视化】选项卡➤【视觉样式】面板➤【视觉样式】下拉列表，如下面的右图所示。

（4）单击绘图窗口左上角的视图控件，如下面的右图所示。

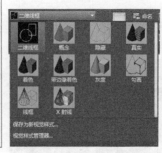

9.2.2 视觉样式管理器

视觉样式管理器用于管理视觉样式，对所选视觉样式的面、环境、边等特性进行自定义设置。

在AutoCAD 2016视觉样式管理的调用方法与视觉样式的调用相同，在弹出的视觉样式下拉列表中选择"视觉样式管理器"选项即可。

打开"视觉样式管理器"选项板，当前的视觉样式用黄色边框显示，其可用的参数设置将显示在样例图像下方的面板中，如下图所示。

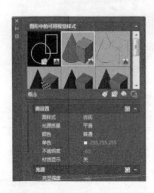
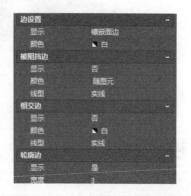

9.3 视点

本节视频教学时间 / 2分钟

AutoCAD 2016提供了多种功能供用户对三维空间中的图形进行观察，下面将分别进行详细介绍。

设置三维观察方向，将会显示【视点预设】对话框。AutoCAD 2016中调用【视点预设】对话框的方法有以下两种。

（1）选择【视图】➤【三维视图】➤【视点预设】菜单命令。

（2）在命令行中输入【VPOINT/VP】命令并按【Space】键确认。

下面将对视点的设置过程进行详细介绍，具体操作步骤如下。

1 打开素材文件

打开随书光盘中的"素材\ch09\设置视点.dwg"文件,如下图所示。

素材文件

2 【视点预设】对话框

在命令行中输入【VP】命令并按【Space】键确认,弹出【视点预设】对话框,如下图所示。

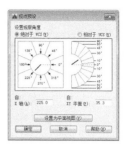

3 设置参数

更改 x 轴参数为"120", xy 平面为"60",单击【确定】按钮,效果如右图所示。

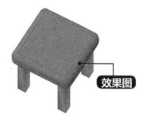

效果图

9.4 绘制三维实体对象

本节视频教学时间 / 15分钟

实体是能够完整表达对象几何形状和物体特性的空间模型。与线框和网格相比,实体的信息最完整,也最容易构造和编辑。

9.4.1 绘制长方体

创建三维实体长方体。

【长方体】命令的几种常用调用方法如下。

(1)选择【绘图】➤【建模】➤【长方体】菜单命令。

(2)在命令行中输入【BOX】命令并按【Enter】键确认。

(3)单击【常用】选项卡➤【建模】面板中的【长方体】按钮。

(4)单击【建模】工具栏中的【长方体】按钮。

下面将对长方体的绘制过程进行详细介绍,具体操作步骤如下。

1 选择【西南等轴测】菜单命令

选择【视图】➤【三维视图】➤【西南等轴测】菜单命令以切换到三维视图。如下图所示。

2 指定长方体的第一个角点

选择【绘图】▶【建模】▶【长方体】菜单命令，并在绘图区域中单击以指定长方体的第一个角点，如下图所示。

3 指定对角点的位置

在命令行输入"@200,100"并按【Enter】键确认，以指定对角点的位置，命令行提示如下。

指定其他角点或 [立方体(C)/长度(L)]:
@200,100 ✓

4 指定长方体的高度

在命令行输入"50"并按【Enter】键确认，以指定长方体的高度，命令行提示如下。

指定高度或 [两点(2P)] <200.0000>: 50 ✓

5 效果图

效果如下图所示。

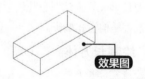

9.4.2 绘制圆柱体

创建三维实体圆柱体。执行绘图任务时，底面半径的默认值始终是先前输入的底面半径值。下面将对圆柱体的绘制过程进行详细介绍，具体操作步骤如下。

1 选择【西南等轴测】菜单命令

选择【视图】▶【三维视图】▶【西南等轴测】菜单命令以切换到三维视图。

2 指定圆柱体底面的中心点

选择【……】，并在绘图区域中单击以指定圆柱体底面的中心点，如下图所示。

指定中心点

4 指定圆柱体的高度

在命令行输入"1000"并按【Enter】键确认，以指定圆柱体的高度，命令行提示如下。

指定高度或 [两点(2P)/轴端点(A)] <50.0000>: 1000 ✓

9 指定圆柱体的底面半径

在命令行输入"300"并按【Enter】键确认，以指定圆柱体的底面半径，命令行提示如下。

指定底面半径或 [直径(D)]: 300 ✓

5 效果图

效果如下图所示。

效果图

9.4.3 绘制圆锥体

创建三维实体圆锥体。最初，默认底面半径未设置任何值，执行绘图任务时底面半径的默认值始终是先前输入的任意实体图元的底面半径值。具体操作步骤如下。

1 选择【西南等轴测】菜单命令

选择【视图】▶【三维视图】▶【西南等轴测】菜单命令以切换到三维视图。

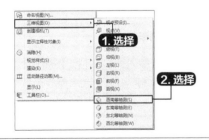

1. 选择

2. 选择

2 指定圆锥体底面的中心点

选择【绘图】▶【建模】▶【圆锥体】菜单命令，并在绘图区域中单击以指定圆锥体底面的中心点，如下图所示。

指定中心点

3 指定圆锥体的底面半径

在命令行输入"190"并按【Enter】键确认，以指定圆锥体的底面半径，命令行提示如下。

指定底面半径或 [直径(D)] <300.0000>: 190 ✓

4 指定圆锥体的高度

在命令行输入"500"并按【Enter】键确认，以指定圆锥体的高度，命令行提示如下。

指定高度或 [两点(2P)/轴端点(A)/顶面半径(T)] <1000.0000>: 500 ✓

5 效果图

效果如下图所示。

效果图

9.4.4 绘制圆环体

创建圆环形的三维实体。可以通过指定圆环体的圆心、半径或直径以及围绕圆环体的圆管的半径或直径创建圆环体。可以通过FACETRES系统变量控制着色或隐藏视觉样式的曲线式三维实体（例如圆环体）的平滑度。具体操作步骤如下。

1 选择【西南等轴测】菜单命令

选择【视图】➤【三维视图】➤【西南等轴测】菜单命令以切换到三维视图。

2 指定圆环体的中心点

选择【绘图】➤【建模】➤【圆环体】菜单命令，并在绘图区域中单击以指定圆环体的中心点，如下图所示。

指定中心点

3 指定圆环体的半径

在命令行输入"30"并按【Enter】键确认，以指定圆环体的半径，命令行提示如下。

指定半径或 [直径(D)] <190.0000>: 30 ✓

4 指定圆管的半径

在命令行输入"5"并按【Enter】键确认，以指定圆管的半径，命令行提示如下。

指定圆管半径或 [两点(2P)/直径(D)]: 5 ✓

5 效果图

效果如右图所示。

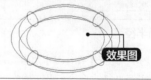

效果图

9.4.5 绘制棱锥体

创建三维实体棱锥体。默认情况下，使用基点的中心、边的中点和可确定高度的另一个点来定义棱锥体。具体操作步骤如下。

1 选择【西南等轴测】

选择【视图】➤【三维视图】➤【西南等
轴测】菜单命令以切换到三维视图。

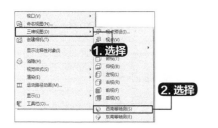

3 指定棱锥体的底面半径

在命令行输入"10"并按【Enter】键确
认，以指定棱锥体的底面半径，命令行提示如
下。

指定底面半径或 [内接(I)]: 10   ↙

5 效果图

效果如右图所示。

2 指定棱锥体底面的中心点

选择【绘图】➤【建模】➤【棱锥体】菜
单命令，并在绘图区域中单击以指定棱锥体底
面的中心点，如下图所示。

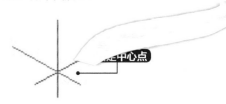

4 指定棱锥体的高度

在命令行输入"30"并按【Enter】键确
认，以指定棱锥体的高度，命令行提示如下。

指定高度或 [两点(2P)/轴端点(A)/顶面半径
(T)] <50.0000>: 30   ↙

9.4.6 绘制多段体

创建三维墙状多段体。可以创建具有固定高度和宽度的直线段和曲线段的墙。具体操作步骤如
下。

1 选择【西南等轴测】

选择【视图】➤【三维视图】➤【西南等
轴测】菜单命令以切换到三维视图。

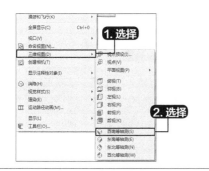

2 指定多段体的起点

选择【绘图】➤【建模】➤【多段体】菜
单命令，并在绘图区域中单击以指定多段体的
起点，如下图所示。

3 指定多段体的下一个点

在命令行输入"@0,200"并按【Enter】键确认，以指定多段体的下一个点，命令行提示如下。

指定下一个点或 [圆弧(A)/放弃(U)]: @0,200 ↙

4 指定多段体的下一个点

在命令行输入"@400,0"并按【Enter】键确认，以指定多段体的下一个点，命令行提示如下。

指定下一个点或 [圆弧(A)/放弃(U)]: @400,0 ↙

5 指定多段体的下一个点

在命令行输入"@0,-200"并按【Enter】键确认，以指定多段体的下一个点，命令行提示如下。

指定下一个点或 [圆弧(A)/闭合(C)/放弃(U)]: @0,-200 ↙

6 指定多段体的下一个点

在命令行输入"@-360,0"并按【Enter】键确认，以指定多段体的下一个点，命令行提示如下。

指定下一个点或 [圆弧(A)/闭合(C)/放弃(U)]: @-360,0 ↙

7 效果图

按【Enter】键确认，效果如右图所示。

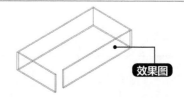

9.4.7 绘制楔体

创建三维实心楔形体。楔体倾斜方向始终沿UCS的X轴正方向。具体操作步骤如下。

1 选择【西南等轴测】

选择【视图】➤【三维视图】➤【西南等轴测】菜单命令以切换到三维视图。

2 指定楔体的第一个角点

选择【绘图】➤【建模】➤【楔体】菜单命令，并在绘图区域中单击以指定楔体的第一个角点，如下图所示。

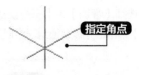

3 指定楔体的对角点

在命令行输入"@200,100"并按【Enter】键确认，以指定楔体的对角点，命令行提示如下。

指定其他角点或 [立方体(C)/长度(L)]: @200,100 ↙

4 指定楔体的高度

在命令行输入"50"并按【Enter】键确认，以指定楔体的高度，命令行提示如下。

指定高度或 [两点(2P)] <29.2489>: 50 ↙

5 效果图

效果如右图所示。

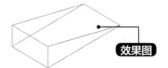

9.4.8 绘制球体

创建三维实心球体，可以通过指定圆心和半径上的点创建球体。具体操作步骤如下。

1 选择【西南等轴测】

选择【视图】➤【三维视图】➤【西南等轴测】菜单命令以切换到三维视图。

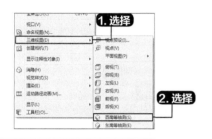

2 指定球体的中心点

选择【绘图】➤【建模】➤【球体】菜单命令，并在绘图区域中单击以指定球体的中心点，如下图所示。

3 指定球体的半径

在命令行输入"15"并按【Enter】键确认，以指定球体的半径，命令行提示如下。

指定半径或 [直径(D)]: 15 ✓

4 效果图

效果如下图所示。

5 输入"ISOLINES"命令

如果想更改球体的密度，可以在命令行中输入"ISOLINES"命令，输入"32"，按【Enter】确认。

命令: ISOLINES

输入 ISOLINES 的新值 <4>: 32 ✓

6 绘制一个半径为"15"的球体

选择【绘图】➤【建模】➤【球体】菜单命令，在绘图区域中绘制一个半径为"15"的球体，效果如下图所示。

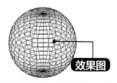

提示 系统变量"ISOLINES"可以控制球体的线框密度，它只决定球体的显示效果，并不能影响球体表面的平滑度。

9.5 绘制三维曲面对象

本节视频教学时间 / 13分钟

曲面模型主要定义了三维模型的边和表面的相关信息，它可以解决三维模型的消隐、着色、渲染和计算表面等问题。

9.5.1 绘制长方体表面

创建三维网格图元长方体。

【网格长方体】命令的几种常用调用方法如下。

（1）选择【绘图】➤【建模】➤【网格】➤【图元】➤【长方体】菜单命令。

（2）在命令行中输入【MESH】命令并按【Enter】键确认，然后选择【B】选项并按【Enter】键。

（3）单击【网格】选项卡➤【图元】面板中的【网格长方体】按钮。

（4）单击【平滑网格图元】工具栏中的【网格长方体】按钮。

下面将对长方体表面的绘制过程进行详细介绍，具体操作步骤如下。

---

1 选择【西南等轴测】

选择【视图】➤【三维视图】➤【西南等轴测】菜单命令以切换到三维视图。

2 输入"MESH"

在命令行中输入"MESH"后按【Enter】键确认，命令行提示如下。

输入选项 [长方体(B)/圆锥体(C)/圆柱体(CY)/棱锥体(P)/球体(S)/楔体(W)/圆环体(T)/设置(SE)] <长方体>:

---

3 指定第一个角点

在命令行中输入长方体表面参数"b"后按【Enter】键确认，然后在绘图区域中单击以指定长方体表面的第一个角点，如下图所示。

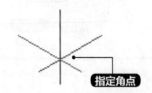

指定角点

4 确定对角点的位置

在命令行输入"@300,200"并按【Enter】键确认，以确定长方体表面对角点的位置，命令行提示如下。

指定其他角点或 [立方体(C)/长度(L)]:
@300,200 ✓

---

5 确定长方体表面的高度

在命令行输入"150"并按【Enter】键确认，以确定长方体表面的高度，命令行提示如下。

指定高度或 [两点(2P)] <100.0000>: 150　✓

6 效果图

效果如下图所示。

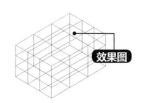

9.5.2　绘制圆柱体表面

下面将对圆柱体表面的绘制过程进行详细介绍，具体操作步骤如下。

1 选择【西南等轴测】

选择【视图】▶【三维视图】▶【西南等轴测】菜单命令以切换到三维视图。

2 输入"MESH"

在命令行中输入"MESH"后按【Enter】键确认，命令行提示如下。

输入选项 [长方体(B)/圆锥体(C)/圆柱体(CY)/棱锥体(P)/球体(S)/楔体(W)/圆环体(T)/设置(SE)] <长方体>:

3 指定圆柱体表面的底面中心点

在命令行中输入圆柱体表面参数"cy"后按【Enter】键确认，然后在绘图区域中单击以指定圆柱体表面的底面中心点，如下图所示。

4 确定圆柱体表面的底面半径

在命令行输入"20"并按【Enter】键确认，以确定圆柱体表面的底面半径，命令行提示如下。

指定底面半径或 [直径(D)] <15.0000>: 20　✓

5 确定圆柱体表面的高度

在命令行输入"70"并按【Enter】键确认，以确定圆柱体表面的高度，命令行提示如下。

指定高度或 [两点(2P)/轴端点(A)] <150.0000>:
70　✓

6 效果图

效果如下图所示。

9.5.3 绘制圆锥体表面

下面将对圆锥体表面的绘制过程进行详细介绍，具体操作步骤如下。

1 选择【西南等轴测】菜单命令

选择【视图】▶【三维视图】▶【西南等轴测】菜单命令以切换到三维视图。

2 命令行提示

在命令行中输入"MESH"后按【Enter】键确认，命令行提示如下。

输入选项 [长方体(B)/圆锥体(C)/圆柱体(CY)/棱锥体(P)/球体(S)/楔体(W)/圆环体(T)/设置(SE)] <长方体>:

3 指定圆锥体表面的底面中心点

在命令行中输入圆锥体表面参数"c"后按【Enter】键确认，然后在绘图区域中单击以指定圆锥体表面的底面中心点，如下图所示。

4 确定圆锥体表面的底面半径

在命令行输入"30"并按【Enter】键确认，以确定圆锥体表面的底面半径，命令行提示如下。

指定底面半径或 [直径(D)] <20.0000>: 30 ↙

5 确定圆锥体表面的高度

在命令行输入"90"并按【Enter】键确认，以确定圆锥体表面的高度，命令行提示如下。

指定高度或 [两点(2P)/轴端点(A)/顶面半径(T)] <70.0000>: 90 ↙

6 效果图

效果如下图所示。

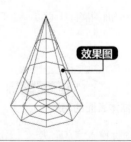

效果图

9.5.4 绘制旋转曲面

旋转曲面是由一条轨迹线围绕指定的轴线旋转生成的曲面模型。创建旋转曲面的具体操作步骤如下。

1 打开素材文件

打开随书光盘中的"素材\ch10\旋转网格.dwg"文件。

2 选择需要旋转的对象

选择【绘图】➤【建模】➤【网格】➤【旋转网格】菜单命令,然后在绘图区域中单击以选择需要旋转的对象,如下图所示。

3 选择定义旋转轴的对象

在绘图区域中单击以选择定义旋转轴的对象,如下图所示。

4 输入角度

在命令行中输入起点角度"0"和旋转角度"360",分别按【Enter】键确认。命令行提示如下。

指定起点角度 <0>: 0 ✓

指定包含角 (+=逆时针, -=顺时针) <360>: 360 ✓

5 效果图

效果如右图所示。

9.5.5 绘制平移曲面

平移曲面是由一条轮廓曲线沿着一条指定方向的矢量直线拉伸而形成的曲面模型。绘制平移曲面的具体操作步骤如下。

1 打开素材文件

打开随书光盘中的"素材\ch10\平移网格.dwg"文件。

2 选择用作轮廓曲线的对象

选择【绘图】▶【建模】▶【网格】▶
【平移网格】菜单命令，然后在绘图区域中单
击以选择用作轮廓曲线的对象，如下图所示。

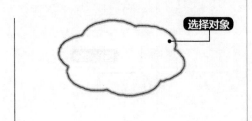

3 选择用作方向矢量的对象

在绘图区域中单击以选择用作方向矢量的
对象，如下图所示。

4 效果图

效果如下图所示。

9.5.6 绘制三维面

通过指定每个顶点来创建三维多面网格，常用来构造由3边或4边组成的曲面。绘制三维面的
具体操作步骤如下。

1 打开素材文件

打开随书光盘中的"素材\ch10\三维
面.dwg"文件。

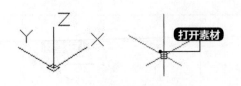

2 指定第一点

选择【绘图】▶【建模】▶【网格】▶
【三维面】菜单命令，然后在绘图区域中单击
以指定第一点，如下图所示。

3 指定相应点的位置

在命令行中连续指定相应点的位置并分别按【Enter】键确认，命令行提示如下。

指定第二点或 [不可见(I)]: @0,0,20 ✓

指定第三点或 [不可见(I)] <退出>: @10,0,0 ✓

指定第四点或 [不可见(I)] <创建三侧面>: @0,0,−20 ✓

指定第三点或 [不可见(I)] <退出>: @0,−10,0 ✓

指定第四点或 [不可见(I)] <创建三侧面>: @0,0,20 ✓

指定第三点或 [不可见(I)] <退出>: @−10,0,0 ✓

指定第四点或 [不可见(I)] <创建三侧面>: @0,0,−20 ✓

指定第三点或 [不可见(I)] <退出>: ✓

4 效果图

效果如下图所示。

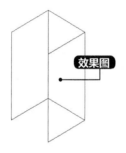

5 选择【概念】菜单命令

选择【视图】▶【视觉样式】▶【概念】菜单命令，效果如下图所示。

9.5.7 绘制平面曲面

可以通过选择关闭的对象或指定矩形表面的对角点创建平面曲面。支持首先拾取选择并基于闭合轮廓生成平面曲面。通过命令指定曲面的角点时，将创建平行于工作平面的曲面。绘制平面曲面的具体操作步骤如下。

1 打开素材文件

打开随书光盘中的"素材\ch10\平面曲面.dwg"文件。

2 指定第一个角点

选择【绘图】▶【建模】▶【曲面】▶【平面】菜单命令，然后在绘图区域中单击以指定第一个角点，如下图所示。

3 指定其他角点

在绘图区域中拖动鼠标指针并单击以指定其他角点，如下图所示。

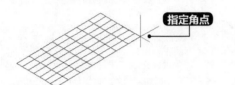

指定角点

4 效果图

效果如下图所示。

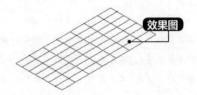

效果图

提示　可以在曲线网络之间或在其他三维曲面或实体的边之间创建网络曲面。

9.6 由二维图形创建三维图形

本节视频教学时间 / 10分钟

在AutoCAD中，不仅可以直接利用系统本身的模块创建基本三维图形，还可以利用编辑命令将二维图形生成三维模型，以便创建更为复杂的三维模型。

9.6.1 拉伸成型

拉伸生成型有两种较为常用的方式，即按一定的高度将二维图形拉伸成三维图形，这样生成的三维对象在高度形态上较为规则，通常不会有弯曲角度及弧度出现；还有一种方式为按路径拉伸，这种拉伸方式可以将二维图形沿指定的路径生成三维对象，相对而言较为复杂且允许沿弧度路径进行拉伸。

AutoCAD 2016中调用【拉伸】命令的常用方法有以下5种。

（1）选择【绘图】▶【建模】▶【拉伸】菜单命令。

（2）在命令行中输入【EXTRUDE/ EXT】命令并按【Space】键确认。

（3）单击【常用】选项卡▶【建模】面板▶【拉伸】按钮 。

（4）单击【实体】选项卡▶【实体】面板▶【拉伸】按钮 （默认拉伸后生成实体，通过输入"mo"可以更改拉伸后生成的是实体还是曲面）。

（5）单击【曲面】选项卡▶【创建】面板▶【拉伸】按钮 （默认拉伸后生成曲面，通过输入"mo"可以更改拉伸后生成的是实体还是曲面）。

提示　当命令行提示选择拉伸对象时，输入"mo"，然后可以切换拉伸后生成的对象是实体还是曲面。后面介绍的旋转、扫掠、放样也可以通过修改模式来决定生成对象是实体还是曲面。

下面将分别通过高度拉伸和路径拉伸对两种拉伸方式进行介绍，其具体操作步骤如下。

1. 通过高度拉伸实体

1 打开素材文件

打开随书光盘中的"素材\ch10\通过高度拉伸成型.dwg"文件，如下图所示。

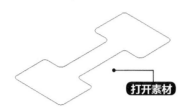

2 选择要拉伸的对象

单击【实体】选项卡▶【实体】面板▶【拉伸】按钮 ⬛，并在绘图区单击以选择要拉伸的对象，如下图所示。

3 指定拉伸高度

按【Enter】键确认后在命令行输入"50"以指定拉伸高度，命令行提示如下：

指定拉伸的高度或 [方向(D)/路径(P)/倾斜角(T)/表达式(E)] <30.0000>: 50 ✓

4 效果图

按【Enter】键确认拉伸高度后绘图窗口显示如下图所示。

2. 通过路径拉伸实体

1 打开素材文件

打开随书光盘中的"原始文件\CH12\通过路径拉伸成型.dwg"文件，如下图所示。

2 选择要拉伸的对象

单击【曲面】选项卡▶【创建】面板▶【拉伸】按钮 ⬛，并在绘图区单击以选择要拉伸的对象，如下图所示。

3 指定按路径拉伸

按【Enter】键确认后在命令行输入"P"以指定按路径拉伸，命令行提示如下。

指定拉伸的高度或 [方向(D)/路径(P)/倾斜角(T)/表达式(E)] <0.4545>: p ✓

4 选择拉伸路径

按【Enter】键确认后，在绘图区域单击以选择拉伸路径，如下图所示。

5 效果图

创建效果如下图所示。

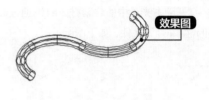

9.6.2 旋转成型

用于旋转的二维图形可以是多边形、圆、椭圆、封闭多段线、封闭样条曲线、圆环以及封闭区域。在旋转过程中可以控制旋转角度，即旋转生成的实体可以是闭合的也可以是开放的。

旋转成型的具体操作步骤如下。

1 打开素材文件

打开随书光盘中的"素材\ch10\通过旋转成型.dwg"文件，如下图所示。

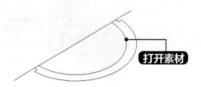

2 选择要旋转的对象

单击【实体】选项卡➤【实体】面板➤【旋转】按钮，在绘图区单击选择要旋转的对象，然后按【Enter】键确认，如下图所示。

3 在命令行输入"O"

在命令行输入"O"并按【Enter】键确认。命令行提示如下：

指定轴起点或根据以下选项之一定义轴 [对象
(O)/X/Y/Z] <对象>:o ✓

4 选择直线段作为旋转轴

在绘图窗口选择直线段作为旋转轴，如下图所示。

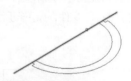

5 在命令行输入"-270"

在命令行输入"-270"并按【Enter】键确认，创建效果如右图所示。

9.6.3 放样成型

放样命令用于在横截面之间的空间内绘制实体或曲面。使用放样命令时，至少需要指定两个横截面。放样命令通常用于变截面实体的绘制。

放样成型的具体操作步骤如下。

---

1 打开素材文件

打开随书光盘中的"素材\ch10\通过放样成型.dwg"文件，如下图所示。

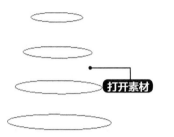

打开素材

2 选择第一个横截面

单击【实体】选项卡➤【实体】面板➤【放样】按钮，并在绘图区单击以选择第一个横截面，如下图所示。

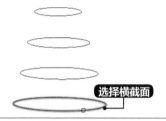

选择横截面

3 选择第二个横截面

继续在绘图区域单击以选择第二个横截面，如下图所示。

选择横截面

4 选择第三个和第四个横截面

继续在绘图区域由下向上依次单击以选择第三个和第四个横截面，如下图所示。

选择横截面

---

5 效果图

连续按两次【Enter】键确认后效果如右图所示。

效果图

9.6.4 扫掠成型

扫掠命令可以用来生成实体或曲面。当扫掠的对象是闭合图形时扫掠的结果是实体；当扫掠的对象是开放图形时，扫掠的结果是曲面。

扫掠成型的具体操作步骤如下。

1 打开素材文件

打开随书光盘中的"素材\ch10\通过扫掠成型.dwg"文件，如下图所示。

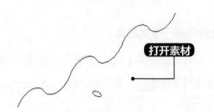

2 选择要扫掠的对象

单击【实体】选项卡▶【实体】面板▶【扫掠】按钮，并在绘图区域单击以选择要扫掠的对象，如下图所示。

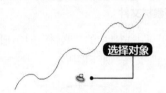

3 选择多段线作为扫掠路径

按【Space】键确认后在绘图区域单击以选择多段线作为扫掠路径，效果如右图所示。

9.7 布尔运算

本节视频教学时间 / 6分钟

在AutoCAD 2016中，利用布尔运算可以对多个面域和三维实体进行并集、差集和交集运算。

9.7.1 并集运算

利用并集运算可以在图形中选择两个或两个以上的三维实体，系统将自动删除实体相交的部分，并将不相交部分保留下来合并成一个新的组合体。

在AutoCAD 2016中调用【并集】命令通常有以下4种方法。

（1）选择【修改】▶【实体编辑】▶【并集】菜单命令。

（2）在命令行输入【Union】命令并按【Enter】键。

（3）单击【常用】选项卡▶【实体编辑】面板▶【实体，并集】按钮。

（4）单击【建模】工具栏▶【并集】按钮。

下面将对圆环体和长方体进行并集运算，具体操作步骤如下。

1 打开素材文件

打开随书光盘中的"素材\ch10\并集运算.dwg"文件。

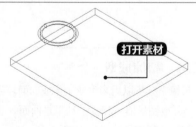

2 选择【并集】菜单命令

选择【修改】➤【实体编辑】➤【并集】菜单命令，在绘图区域选择圆环体和长方体作为执行并集运算的对象并按【Enter】键确认。

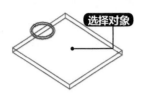

选择对象

3 效果图

效果如下图所示。

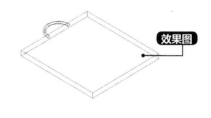

效果图

9.7.2 差集运算

差集运算可以对两个或两组实体进行相减运算。下面将对圆柱体和球体进行差集运算，具体操作步骤如下。

1 打开素材文件

打开随书光盘中的"素材\ch10\差集运算.dwg"文件。

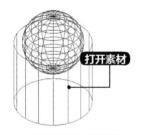

打开素材

2 选择要减去的实体或面

选择【修改】➤【实体编辑】➤【差集】菜单命令，在绘图区域选择要从中减去的实体或面域并按【Enter】键确认。

3 选择要减去的实体或面

在绘图区域单击选择要减去的实体或面域并按【Enter】键确认。

4 效果图

效果如下图所示。

效果图

9.7.3 交集运算

交集运算可以对两个或两组实体进行相交运算。当对多个实体进行交集运算后，它会删除实体不相交的部分，并将相交部分保留下来生成一个新组合体。下面将对长方体和球体进行交集运算，具体操作步骤如下。

1 打开素材文件

打开随书光盘中的"素材\ch10\交集运算.dwg"文件。

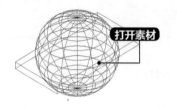

2 选择需要执行交集运算的对象

选择【修改】▶【实体编辑】▶【交集】菜单命令，在绘图区域选择需要执行交集运算的对象并按【Enter】键确认。

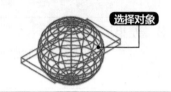

3 效果图

效果如右图所示。

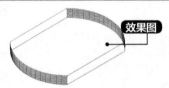

9.7.4 干涉运算

干涉运算是指把实体保留下来，并用两个实体的交集生成一个新的实体。下面将对球体和圆环体进行干涉运算，具体操作步骤如下。

1 打开素材文件

打开随书光盘中的"素材\ch10\干涉检查.dwg"文件。

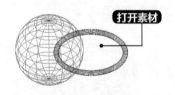

2 选择第一组对象

选择【修改】▶【三维操作】▶【干涉检查】菜单命令，在绘图区域选择第一组对象并按【Enter】键确认。

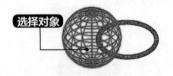

3 选择第二组对象

在绘图区域选择第二组对象并按【Enter】键确认。

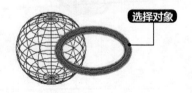

4 【干涉检查】对话框

系统弹出【干涉检查】对话框。

5 效果图

将对话框移到一边，效果如下图所示。

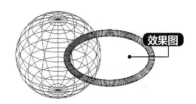

9.8 倒角边与圆角边

本节视频教学时间 / 3分钟

使用倒角边和圆角边，用户可以轻松地对三维实体进行倒角和圆角操作。

9.8.1 倒角边

可以为三维实体边和曲面边建立倒角。

在AutoCAD 2016中调用【倒角边】命令通常有以下4种方法。

（1）选择【修改】➤【实体编辑】➤【倒角边】菜单命令。

（2）在命令行输入【Chamferedge】命令并按【Enter】键。

（3）单击【实体】选项卡➤【实体编辑】面板➤【倒角边】按钮。

（4）单击实体编辑工具栏➤【倒角边】按钮。

下面将对机械模型进行倒角边操作，具体操作步骤如下。

1 打开素材文件

打开随书光盘中的"素材\ch10\倒角边.dwg"文件。

2 设定倒角距离设定

选择【修改】➤【实体编辑】➤【倒角边】菜单命令，并在命令行中将倒角距离设定为"1"，命令行提示如下。

命令: _CHAMFEREDGE 距离 1 = 1.0000，距离 2 = 1.0000

选择一条边或 [环(L)/距离(D)]: d ↙

指定距离 1 或 [表达式(E)] <1.0000>: 1 ↙

指定距离 2 或 [表达式(E)] <1.0000>: 1 ↙

3 选择需要倒角的边

在绘图区域选择需要倒角的边并按【Enter】键确认。

4 效果图

效果如右图所示。

效果图

9.8.2 圆角边

可以为三维实体边和曲面边建立圆角。

下面将对高压绝缘子模型进行圆角边操作，具体操作步骤如下。

1 打开素材文件

打开随书光盘中的"素材\ch10\圆角边.dwg"文件。

打开素材

2 将圆角半径设定为"13"

选择【修改】➤【实体编辑】➤【圆角边】菜单命令，并在命令行中将圆角半径设定为"13"，命令行提示如下。

命令: _FILLETEDGE

半径 = 1.0000

选择边或 [链(C)/环(L)/半径(R)]: r ✓

输入圆角半径或 [表达式(E)] <1.0000>: 13 ✓

3 选择需要圆角的边

在绘图区域选择需要圆角的边并按【Enter】键确认。

选择边

4 效果图

效果如下图所示。

效果图

9.9 三维图形的操作

本节视频教学时间 / 7分钟

在三维空间中编辑对象时，可以直接使用二维空间中的【移动】【镜像】和【阵列】等编辑命令。另外，AutoCAD 2016还提供了专门用于编辑三维图形的编辑命令。

9.9.1 三维阵列

根据对象的分布形式，三维阵列分为矩形和环形阵列。矩形阵列是指对象按照等行距、等列距和等层高进行排列分布，环形阵列是指生成的相同结构等间距地分布在圆周或圆弧上。

在AutoCAD 2016中调用【三维阵列】命令通常有以下两种方法。

（1）选择【修改】➤【三维操作】➤【三维阵列】菜单命令。

（2）在命令行输入【3darray】命令并按【Enter】键。

下面将对球体模型进行阵列操作，具体操作步骤如下。

1 打开素材文件

打开随书光盘中的"素材\ch10\三维阵列.dwg"文件。

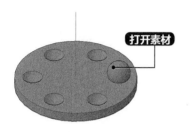

2 在绘图区域选择球体

选择【修改】➤【三维操作】➤【三维阵列】菜单命令，在绘图区域选择球体作为需要阵列的对象并按【Enter】键确认。

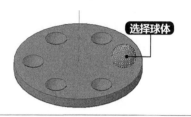

3 输入环形阵列参数"P"

在命令行中输入环形阵列参数"P"并按【Enter】键确认。命令行提示如下。

输入阵列类型 [矩形(R)/环形(P)] <矩形>:p ↙

输入阵列中的项目数目：6   ↙

指定要填充的角度 (+=逆时针，−=顺时针)

<360>: 360 ↙

旋转阵列对象？[是(Y)/否(N)] <Y>: y   ↙

4 指定阵列的中心点

在绘图区域指定阵列的中心点。

5 指定旋转轴上的第二点

在绘图区域拖动鼠标指针并单击以指定旋转轴上的第二点。

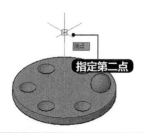

6 效果图

效果如下图所示。

9.9.2 三维镜像

三维镜像命令可以用于创建以镜像平面为对称面的三维对象。下面将对机械模型进行镜像操作，具体操作步骤如下。

1 打开素材文件

打开随书光盘中的"素材\ch10\三维镜像.dwg"文件。

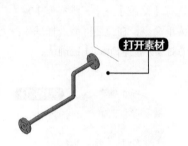

2 选择【三维镜像】菜单命令

选择【修改】➤【三维操作】➤【三维镜像】菜单命令，在绘图区域选择圆管作为需要镜像的对象并按【Enter】键确认。

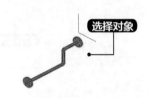

3 指定镜像平面第一点

在绘图区域单击以指定镜像平面第一点。

4 指定镜像平面第二点

在绘图区域单击以指定镜像平面第二点。

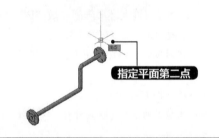

5 指定镜像平面第三点

在绘图区域单击以指定镜像平面第三点。

6 按【Enter】键

按【Enter】键确认不删除源对象，效果如下图所示。

9.9.3 三维旋转

三维旋转命令可以使指定对象绕预定义轴，按指定基点、角度旋转三维对象。下面将对机械模型进行旋转操作，具体操作步骤如下。

1 打开素材文件

打开随书光盘中的"素材\ch10\三维旋转.dwg"文件。

2 选择圆管

选择【修改】▶【三维操作】▶【三维旋转】菜单命令,在绘图区域选择圆管作为需要旋转的对象并按【Enter】键确认。

3 指定旋转基点

在绘图区域单击以指定旋转基点。

4 指定旋转轴

从旋转基点向垂直方向平移十字光标到一点处单击以指定旋转轴。

5 输入旋转角度"180"

在命令行中输入旋转角度"180"并按【Enter】键确认,效果如右图所示。

9.9.4 三维对齐

可以在二维和三维空间中将目标对象与其他对象对齐。下面将对棱锥体模型进行对齐操作,具体操作步骤如下。

1 打开素材文件

打开随书光盘中的"素材\ch10\三维对齐.dwg"文件。

2 选择需要对齐的对象

选择【修改】▶【三维操作】▶【三维对齐】菜单命令,在绘图区域选择棱锥体作为需要对齐的对象并按【Enter】键确认。

3 指定基点

在绘图区域移动鼠标指针并单击以指定基点。

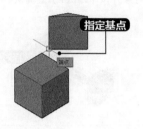

4 指定第二个点

在绘图区域移动鼠标指针并单击以指定第二个点。

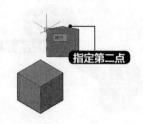

5 指定第三个点

在绘图区域移动鼠标指针并单击以指定第三个点。

6 指定第一个目标点

在绘图区域移动鼠标指针并单击以指定第一个目标点。

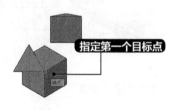

7 指定第二个目标点

在绘图区域移动鼠标指针并单击以指定第二个目标点。

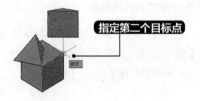

8 指定第三个目标点

在绘图区域移动鼠标指针并单击以指定第三个目标点。

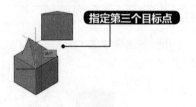

9 效果图

效果如下图所示。

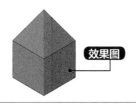

效果图

在三维空间中编辑对象时，可以直接使用二维空间中的【移动】【镜像】和【阵列】等编辑命令。另外，AutoCAD 2016还提供了专门用于编辑三维图形的编辑命令。

9.10 编辑三维图形的表面

本节视频教学时间 / 11分钟

AutoCAD 2016提供了一系列专门针对三维实体对象编辑的命令，其中【solidedit】（实体编辑）命令具有功能强大的实体编辑功能，该命令可编辑三维实体的面、边和体。

9.10.1 拉伸面

利用【拉伸面】命令可以根据指定的距离拉伸平面，或者将平面沿着指定的路径进行拉伸。【拉伸面】命令只能拉伸平面，对球体表面、圆柱体或圆锥体的曲面均无效。

在AutoCAD 2016中调用【拉伸面】命令通常有以下3种方法。

（1）选择【修改】➤【实体编辑】➤【拉伸面】菜单命令。

（2）单击【常用】选项卡➤【实体编辑】面板➤【拉伸面】按钮 。

（3）单击【实体】选项卡➤【实体编辑】面板➤【拉伸面】按钮 。

拉伸面的具体操作步骤如下。

1 打开素材文件

打开随书光盘中的"素材\ch10\三维实体面编辑.dwg"文件，如下图所示。

打开素材

2 选择需要移动的面

单击【常用】选项卡➤【实体编辑】面板➤【拉伸面】按钮 。并在绘图区域选择需要拉伸的面，如下图所示。

选择面

3 指定拉伸高度及角度

按【Space】键确认。并在命令行分别指定拉伸高度及角度。命令行提示如下。

指定拉伸高度或 [路径(P)]: 15

指定拉伸的倾斜角度 <0>: 0↙

4 退出"拉伸面"命令

连续按【Space】键确认并退出"拉伸面"命令。效果如右图所示。

9.10.2 移动面

利用【移动面】命令可以在保持面的法线方向不变的前提下移动面的位置，从而修改实体的尺寸或更改实体中槽和孔的位置。移动面的具体操作步骤如下。

1 选择需要移动的面

打开随书光盘中的"素材\ch10\三维实体面编辑.dwg"文件。单击【常用】选项卡➤【实体编辑】面板➤【移动面】按钮，在绘图区域单击以选择需要移动的面并按【Space】键确认，如下图所示。

2 指定移动基点

按【Space】键确认后在绘图区域单击以指定移动基点，如下图所示。

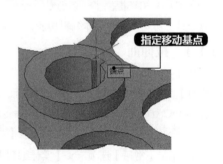

3 指定位移第二点

拖动鼠标指针并在绘图区域单击以指定位移第二点，如下图所示。

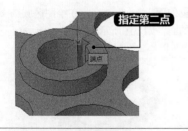

4 退出"偏移面"命令

连续按【Space】键确认并退出"移动面"命令。效果如下图所示。

9.10.3 偏移面

"偏移面"命令不具备复制功能，它只能按照指定的距离或通过点均匀地偏移实体表面。在偏移面时，如果偏移面是实体轴，则正偏移值使得轴变大；如果偏移面是一个孔，正的偏移值将使得孔变小，因为最终它将使得实体体积变大。偏移面的具体操作步骤如下。

1 选择需要偏移的面

　　打开随书光盘中的"素材\ch10\三维实体面编辑.dwg"文件。单击【常用】选项卡▶【实体编辑】面板▶【偏移面】按钮，在绘图区域单击以选择需要偏移的面并按【Space】键确认，如下图所示。

2 退出"偏移面"命令

　　在命令行输入"15"以指定偏移距离。连续按【Space】键确认并退出"偏移面"命令。效果如下图所示。

9.10.4　删除面

　　使用【删除面】命令可以从选择集中删除以前选择的面。

1 选择需要删除的面

　　打开随书光盘中的"素材\ch10\三维实体面编辑.dwg"文件。单击【常用】选项卡▶【实体编辑】面板▶【删除面】按钮，在绘图区域单击以选择需要删除的面，如下图所示。

2 退出"删除面"命令

　　连续按【Space】键确认并退出"删除面"命令，效果如下图所示。

9.10.5　着色面

　　利用"着色面"命令可以对三维实体的选定面进行相应颜色的指定。着色面的具体操作步骤如下。

1 选择需要着色的面

　　打开随书光盘中的"素材\ch10\三维实体面编辑.dwg"文件。单击【常用】选项卡▶【实体编辑】面板▶【着色面】按钮，选择需要着色的面，如右图所示。

2 "选择颜色"对话框

按【Space】键确认后，系统自动弹出"选择颜色"对话框。在"选择颜色"对话框中选择"红色"作为着色颜色。如下图所示。

3 退出"着色面"

单击【确定】按钮关闭"选择颜色"对话框，然后连续按两次【Space】键确认并退出"着色面"命令。效果如下图所示。

效果图

9.10.6 复制面

利用【复制面】命令可以将实体中的平面和曲面分别复制生成面域和曲面模型。复制面的具体操作步骤如下。

1 选择需要复制的面

打开随书光盘中的"素材\ch10\三维实体面编辑.dwg"文件。单击【常用】选项卡➤【实体编辑】面板➤【复制面】按钮，选择需要复制的面，如下图所示。

选择面

2 指定移动基点

在绘图区域单击以指定移动基点，如下图所示。

指定移动基点

3 指定位移第二点

拖动鼠标指针，在绘图区域单击以指定位移第二点，连续按【Space】键确认并退出"复制面"命令，效果如右图所示。

效果图

9.10.7 倾斜面

利用【倾斜面】命令可以使实体表面产生倾斜和锥化效果。倾斜面的具体操作步骤如下。

1 选择需要倾斜的面

打开随书光盘中的"素材\ch10\三维实体面编辑.dwg"文件。单击【常用】选项卡➤【实体编辑】面板➤【倾斜面】按钮，选择需要倾斜的面，如下图所示。

2 指定倾斜基点

在绘图区域单击以指定倾斜基点，如下图所示。

3 指定倾斜轴另一点

在绘图区域拖动鼠标指针，单击以指定倾斜轴另一点，如下图所示。

4 退出"选择面"

在命令行输入"3"并按【Space】键确认以指定倾斜角度。连续按【Space】键确认并退出"倾斜面"命令。效果如下图所示。

9.10.8 旋转面

【旋转面】命令可以将选择的面沿着指定的旋转轴和方向进行旋转，从而改变实体的形状。旋转面的具体操作步骤如下。

1 选择需要旋转的面

打开随书光盘中的"素材\ch10\三维实体面编辑.dwg"文件。单击【常用】选项卡➤【实体编辑】面板➤【旋转面】按钮，选择需要旋转的面，如下图所示。

2 指定旋转的轴点

在绘图区域单击以指定旋转的轴点，如下图所示。

3 指定旋转轴上的第二点

在绘图区域拖动鼠标指针并单击以指定旋转轴上的第二点，如下图所示。

4 退出"选择面"

在命令行输入"3"并按【Space】键确认以指定倾旋转度。连续按【Space】键确认并退出"选择面"命令。效果如下图所示。

9.11 实战演练——绘制餐桌模型

本节视频教学时间 / 2分钟

本实例将利用【长方体】命令绘制餐桌模型，具体操作步骤如下。

1 打开素材文件

打开随书光盘中的"素材\ch10\餐桌.dwg"文件。

3 捕捉端点作为基点

在绘图区域中捕捉下图所示的端点作为基点。

2 在命令行输入"fro"

选择【绘图】➤【建模】➤【长方体】菜单命令，在命令行输入"fro"并按【Enter】键确认，命令行提示如下。

指定第一个角点或 [中心(C)]: fro ✓

4 在命令行输入"@-2,2"

在命令行输入"@-2,2"并按【Enter】键确认，命令行提示如下。

基点: <偏移>: @-2,2 ✓

5 在命令行输入"@54,-36"

在命令行输入"@54,-36"并按【Enter】键确认，命令行提示如下。

指定其他角点或 [立方体(C)/长度(L)]: @54,-36 ✓

6 在命令行输入 "1"

在命令行输入 "1" 并按【Enter】键确认，命令行提示如下。

指定高度或 [两点(2P)] <3.0000>: 1　✓

7 效果图

效果如下图所示。

8 选择【概念】菜单命令

选择【视图】▶【视觉样式】▶【概念】菜单命令，效果如右图所示。

效果图

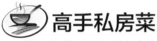

高手私房菜

下面将对右手定则的使用方法以及视图切换时坐标系变动的情况进行详细介绍。

技巧1： 右手定则

在三维建模环境中修改坐标系是很频繁的一项工作，而在修改坐标系中旋转坐标系是最为常用的一种方式。在复杂的三维环境中，坐标系的旋转通常依据右手定则进行。

三维坐标系中 X、Y、Z 轴之间的关系如下面的左图所示。下面的右图即为右手定则示意图，右手大拇指指向旋转轴正方向，另外四指弯曲并拢所指方向即为旋转的正方向。

技巧2： 如何快速编辑长方体的各个面

下面将利用【分解】命令实现快速编辑长方体的各个面的操作，具体操作步骤如下。

1 打开素材文件

打开随书光盘中的"素材\ch10\长方体编辑操作.dwg"文件。

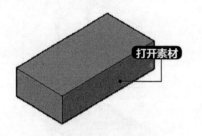

2 选择长方体作为分解对象

选择【修改】➤【分解】菜单命令，在绘图区域选择长方体作为分解对象，如下图所示。

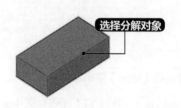

3 按【Enter】键

按【Enter】键确认，然后将指针移动到长方体的任意一个面的上面，系统提示该长方体已经被分解成了多个面域，如下图所示。

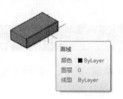

4 选择长方体的两个面

在绘图区域中选择长方体的两个面，如下图所示。

5 删除两个面

按【Delete】键将所选择的两个面删除，效果如下图所示。

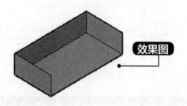

第10章
渲染

重点导读 ··· 本章视频教学时间：24分钟

AutoCAD为用户提供了更加强大的渲染功能，渲染图除了具有消隐图所具有的逼真感之外，还提供了调解光源和在模型表面附着材质等功能，使三维图形更加形象逼真，更加符合视觉效果。

学习效果图

10.1 认识渲染

本节视频教学时间 / 2分钟

在AutoCAD中，三维模型对象可以对事物进行整体上的有效表达，使其更加直观，结构更加清晰，但是在视觉效果方面却与真实物体存在着很大差距，AutoCAD中的渲染功能有效地弥补了这一缺陷，使三维模型对象表现得更加完美、真实。

10.1.1 渲染的功能

AutoCAD的渲染模块基于一个名为Acrender,arx的文件，该文件在使用渲染命令时自动加载。AutoCAD的渲染模块具有如下功能。

（1）支持3种类型的光源：聚光源、点光源和平行光源，另外还可以支持色彩并能产生阴影效果。

（2）支持透明和反射材质。

（3）可以在曲面上加上位图图像来帮助创建真实感的渲染。

（4）可以加上人物、树木和其他类型的位图图像进行渲染。

（5）可以完全控制渲染的背景。

（6）可以对远距离对象进行明暗处理来增强距离感。

渲染相对于其他视觉样式有更直观的表达，下图中的3张图分别是圆锥体曲面模型的线框图、消隐处理的图像以及渲染处理后的图像。

线框图　　　　　消隐图　　　　　渲染图

10.1.2 默认参数渲染

在AutoCAD 2016中调用【渲染】命令通常有以下3种方法。

（1）选择【视图】▶【渲染】▶【渲染】菜单命令。

（2）在命令行输入【RENDER/RR】命令并按【Space】键。

（3）单击【可视化】选项卡▶【渲染】面板▶【渲染】按钮 🫖 。

下面将使用系统默认参数对电机模型进行渲染，具体操作步骤如下。

1 打开素材文件

打开随书光盘中的"素材\ch11\电机.dwg"文件，如右图所示。

素材文件

2 输入【Rr】命令

在命令行输入【Rr】命令并按【Space】键，效果如下图所示。

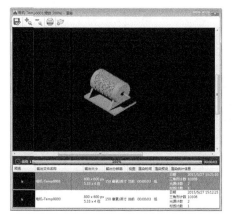

"渲染"对话框由5个菜单和两个窗口组成。

10.2 设置渲染参数

本节视频教学时间 / 6分钟

用户在【渲染预设管理器】面板中可以控制许多渲染器如何处理渲染任务的设置，尤其是在渲染较高质量的图像时。

在AutoCAD 2016中调用【渲染预设管理器】命令通常有以下3种方法。

（1）选择【视图】▶【渲染】▶【高级渲染设置】菜单命令。

（2）在命令行输入【RPREF/RPR】命令并按【Space】键。

（3）单击【可视化】选项卡▶【渲染】面板右下角的■。

单击【可视化】选项卡▶【渲染】面板右下角的■，弹出【渲染预设管理器】面板，如下图所示。

在【渲染预设管理器】面板中，从最低质量到最高质量列出标准渲染预设，最多可以列出6个自定义渲染预设。用户可以访问渲染预设管理器，还可以从选项面板上的下拉列表中选择一组预定义的渲染设置（称为渲染预设），如右图所示。

在渲染预设中存储了多组设置，使渲染器可以产生不同质量的图像。标准预设的范围从草图质量（用于快速测试图像）到演示质量（提供照片级真实感图像）。

当指定的一组渲染设置能够实现想要的渲染效果时，还可以打开渲染预设管理器，将其保存为自定义预设，以便可以快速地重复使用这些设置。

使用标准预设作为基础，可以尝试各种设置并查看渲染图像的外观。如果用户对结果感到满意，可以创建一个新的自定义预设。

10.3 使用材质

本节视频教学时间 / 6分钟

材质能够详细描述对象如何反射或透射灯光，可使场景更加具有真实感。

在AutoCAD 2016中，调用【材质浏览器】面板通常有以下4种方法。

（1）选择【视图】▶【渲染】▶【材质浏览器】菜单命令。

（2）在命令行输入【Matbrowseropen】命令并按【Enter】键。

（3）选择【渲染】选项卡▶【材质】面板▶单击【材质浏览器】按钮 。

（4）单击渲染工具栏中的【材质浏览器】按钮 。

下面将对【材质浏览器】面板进行调用，具体操作步骤如下。

1 选择【材质浏览器】菜单命令	**2** 【材质浏览器】面板
选择【视图】▶【渲染】▶【材质浏览器】菜单命令。	系统弹出【材质浏览器】面板。

【材质浏览器】面板中各个模块的功能如下。

【创建材质】按钮 ：在图形中创建新材质，主要包含以下材质。

【文档材质：全部】：描述图形中所有应用材质。

【Autodesk库】：包含了Autodesk提供的所有材质。

【管理】按钮 ：对材质库进行管理。

在选择的材质上双击可以打开【材质编辑器】面板；也可以直接选择【视图】➤【渲染】➤【材质编辑器】菜单命令打开【材质编辑器】面板。

10.4 创建光源

本节视频教学时间 / 10分钟

AutoCAD提供了3种光源单位：标准（常规）、国际（国际标准）和美制。标准（常规）光源流程相当于AutoCAD 2016之前版本中AutoCAD的光源流程。AutoCAD 2016的默认光源流程是基于国际（国际标准）光源单位的光度控制流程。此选择将产生真实、准确的光源。

1. 默认光源

当在场景中没有光源时，将使用默认光源对场景进行着色或渲染。在来回移动模型时，默认光源来自视点后面的两个平行光源。模型中所有的面均被照亮，以使其可见。可以控制亮度和对比度，但不需要自己创建或放置光源。

在插入自定义光源或启用阳光时，将会为用户提供禁用默认光源的选项。另外，用户可以仅将默认光源应用到视口，同时将自定义光源应用到渲染。

2. 标准光源

添加光源可为场景提供真实外观，光源可增强场景的清晰度和三维性。可以创建点光源、聚光灯和平行光以实现所需要的效果。可以移动或旋转光源（使用夹点工具），将其打开、关闭或更改其特性（例如颜色和衰减）。更改的效果将实时显示在视口中。

使用不同的光线轮廓（图形中显示光源位置的符号）可以表示每个聚光灯和点光源。在图形中，不会用轮廓表示平行光和阳光，因为它们没有离散的位置，也不会影响到整个场景。在绘图时可以打开或关闭光线轮廓的显示。在默认情况下将不打印光线轮廓。

3. 光度控制光源

要更精确地控制光源，可以使用光度控制光源照亮模型。光度控制光源使用光度（光能量）值，使用户能够按光源在现实中显示的样子更精确地对其进行定义。可以具有各种分布和颜色特征，也可以输入光源制造商提供的特定光域网文件。

光度控制光源可以使用制造商的 IES 标准文件格式。通过使用制造商的光源数据，用户可以在模型中显示商业上可用的光源，然后可以尝试不同的设备，并且通过改变光强度和颜色温度，设计生成所需结果的光源系统。

4. 阳光与天光

阳光是一种类似于平行光的特殊光源。用户可为模型指定地理位置，并指定该地理位置的当日日期和时间来定义阳光角度。可以更改阳光的强度及其光源的颜色。阳光与天光是自然照明的主要来源。

10.5 实战演练——渲染书桌模型

本节视频教学时间 / 4分钟

书桌在家庭中较为常见，本实例将为书桌三维模型附着材质及添加灯光，具体操作步骤如下。

1. 为书桌模型添加材质

1 打开素材文件

打开随书光盘中的"素材\ch11\书桌模型.dwg"文件，如下图所示。

3 选择【添加到】

在【Autodesk库】中【漆木】材质上单击鼠标右键，在快捷菜单中选择【添加到】▶【文档材质】选项，如下图所示。

5 【材质编辑器】选项板

系统弹出【材质编辑器】选项板，如下图所示。

2 【材质浏览器】选项板

选择【视图】▶【渲染】▶【材质浏览器】菜单命令，系统弹出【材质浏览器】选项板，如下图所示。

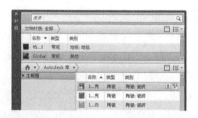

4 单击【漆木】材质

在【文档材质：全部】区域中单击【漆木】材质的编辑按钮，如下图所示。

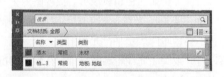

6 调整参数

在【材质编辑器】选项板中取消【凹凸】复选框的选择，并在【常规】卷展栏下对【图像褪色】及【光泽度】的参数进行调整，如下图所示。

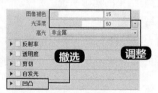

7 选择【选择要应用到的对象】选项

在【文档材质：全部】区域中用鼠标右键单击【漆木】选项，在弹出的快捷菜单中选择【选择要应用到的对象】选项，如下图所示。

8 效果图

在绘图区域中选择书桌模型，然后将【材质浏览器】选项板关闭。

2. 为书桌模型添加灯光

1 选择【关闭默认光源（建议）】选项

选择【视图】➤【渲染】➤【光源】➤【新建平行光】菜单命令，系统弹出【光源-视口光源模式】询问对话框，选择【关闭默认光源（建议）】选项，如下图所示。

2 选择【允许平行光】选项

系统弹出【光源-光度控制平行光】询问对话框，选择【允许平行光】选项，如下图所示。

3 指定光源来向

在绘图区域中捕捉下图所示的端点以指定光源来向。

4 指定光源去向

在绘图区域中拖动鼠标指针并捕捉下图所示的端点以指定光源去向。

5 按【Delete】删除

按【Space】键确认，然后在绘图区域中选择右图所示的直线段，按【Delete】键将其删除。

6 效果图

直线删除后效果如下图所示。

7 渲染书桌模型

选择【视图】▶【渲染】▶【渲染】菜单命令，效果如下图所示。

效果图

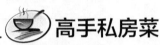
高手私房菜

技巧：设置渲染的背景色

在AutoCAD默认以黑色作为背景对模型进行渲染时，用户可以根据实际需求对其进行更改，具体操作步骤如下。

1 打开素材文件

打开随书光盘中的"素材\ch11\设置渲染的背景颜色.dwg"文件，在命令行输入【BACKGROUND】命令并按【Space】键确认，弹出【背景】对话框，如下图所示。

2【选择颜色】对话框

在【纯色选项】区域中的颜色位置单击，弹出【选择颜色】对话框，如下图所示。

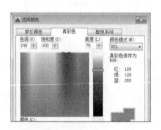

3 将颜色设置为白色

将颜色设置为白色，如下图所示。

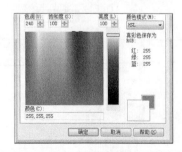

4【背景】对话框

在【选择颜色】对话框中单击【确定】按钮，返回【背景】对话框，在【背景】对话框中单击【确定】按钮，然后选择【视图】▶【渲染】▶【渲染】菜单命令，效果如下图所示。

效果图

第11章
工程图生成及打印

本章介绍在AutoCAD 2016中将三维模型转换为二维工程图的方法，以及工程图的打印。将三维模型转换为二维工程图是AutoCAD的一个很大的进步，这个进步使得AutoCAD可以像其他专业的三维软件一样，在创建完成三维模型后直接生成二维工程图，并为其创建截面图及剖面图。这可以说是AutoCAD突破了专业二维软件的瓶颈，使二维和三维功能达到了更完美的结合。

学习效果图

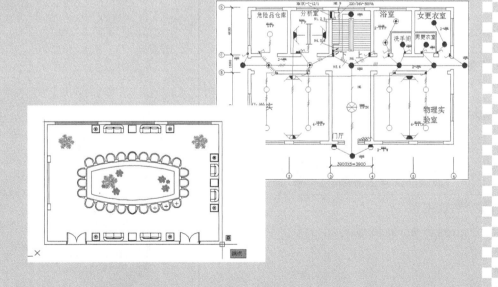

11.1 创建二维工程图

本节视频教学时间 / 3分钟

在三维模型创建完成后可以直接将其转换为二维工程图，从而不必对相应的二维工程图再次进行绘制，在提高图形质量的同时还节约了大量的时间和精力。其具体操作步骤如下。

1 打开素材文件

打开随书光盘中的"素材文件\ch12\创建二维工程图.dwg"文件。

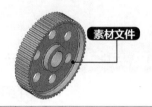

素材文件

2 将窗口切换至【布局1】

将视觉样式切换为二维线框，并将当前窗口切换至【布局1】，如下图所示。

3 视口处于静止状态

双击视口，使其处于活动状态后滑动鼠标滚轮，将模型移至视口外，并在视口外的布局空白位置再次双击，使视口处于静止状态。如下图所示。

4 将外样式切换为【可见线】

单击【布局】▶【创建视图】▶【基点】▶【从模型空间】按钮，系统自动弹出【工程视图创建】选项卡，将外样式切换为【可见线】。如下图所示。

5 确定视图位置

在适当位置处单击以确定视图位置。如右图所示。

6 采用投影视图设置

单击【确定】按钮后当前视图创建完成，系统自动采用投影视图设置，如下图所示。

7 确定视图位置

依次单击以确定视图位置，效果如下图所示。

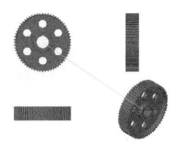

8 按【Enter】键

按【Enter】键确认后效果如右图所示。

11.2 创建局部放大视图

本节视频教学时间 / 3分钟

对于较为复杂的工程图而言，经常容易出现细节部分无法表达清晰的情况。通常细节部分占用图形空间较小，在整幅图形上面无法表达清楚，在这样的情况下通常会将细节部分放大处理。其具体操作步骤如下。

1 打开素材文件

打开随书光盘中的"素材\ch12\创建局部放大视图.dwg"文件。

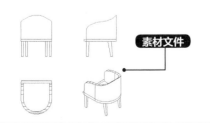

素材文件

2 选择【圆形】选项

选择【布局】选项卡【创建视图】面板 ▶【局部】命令中的【圆形】选项，如下图所示。

3 选择父视图

在布局窗口中选择父视图，如下图所示。系统自动弹出【局部视图创建】选项卡，如下图所示。

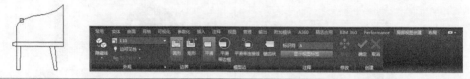

4 指定中点

在布局窗口中单击以指定中点，如下图所示。

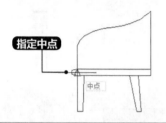

5 指定圆的半径

拖动鼠标指定圆的半径，如下图所示。

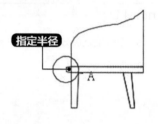

6 设置模型

将比例指定为"1:10"，并将模型边指定为"平滑带边框"。如下图所示。

7 确定局部视图的位置

拖动鼠标到适当位置并单击以确定局部视图的位置，如下图所示。

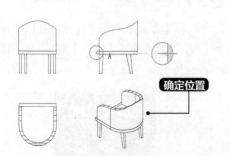

8 单击【确定】按钮

单击【确定】按钮后，创建效果如下图所示。

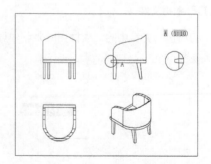

11.3 打印图形

本节视频教学时间 / 5分钟

　　用户在使用AutoCAD 2016创建图形以后，通常要将其打印到图纸上。打印的图形可以是包含图形的单一视图，也可以是更为复杂的视图排列。用户可以根据不同的需要来设置选项，以决定打印的内容和图形在图纸上的布置。

11.3.1 选择打印机

　　打印图形时选择打印机的具体操作步骤如下。

1【打印－模型】对话框

　　选择【文件】▶【打印】命令。执行命令后系统自动弹出【打印－模型】对话框。如下图所示。

2 选择相应的打印机

　　在【打印机/绘图仪】下面的【名称】下拉列表中选择相应的打印机。

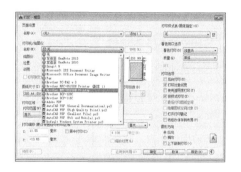

11.3.2 设置打印区域

　　设置打印区域的具体操作步骤如下。

1 打开素材文件

　　打开随书光盘中的"素材\ch12\设置打印区域.dwg"文件。

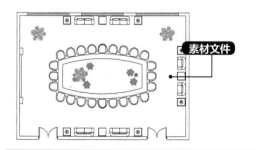

素材文件

2【打印－模型】对话框

　　选择【文件】▶【打印】命令后系统自动弹出【打印－模型】对话框。

3 选择打印范围为"窗口"

在【打印区域】区中选择打印范围的类型为"窗口"。

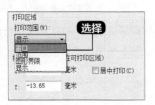

4 指定打印区域的第一点

在绘图区单击以指定打印区域的第一点。

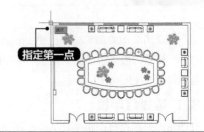

5 指定打印区域的第二点

拖动鼠标并单击以指定打印区域的第二点。

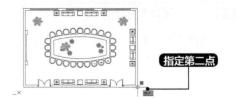

6【打印 – 模型】对话框

系统自动返回【打印 – 模型】对话框。

11.3.3 设置打印比例

控制图形单位与打印单位之间的相对尺寸。打印布局时，默认缩放比例设置为1:1。从【模型】选项卡打印时，默认设置为"布满图纸"。其具体操作步骤如下。

1【打印 – 模型】对话框

选择【文件】▶【打印】命令，弹出【打印 – 模型】对话框。

2 撤消选中【布满图纸】复选框

撤消选中【打印比例】区的【布满图纸】复选框。单击【比例】下拉按钮，选择所需要的打印比例。

11.3.4 更改图形方向

根据需要可以设置更改图形方向。其具体操作步骤如下。

1 【打印 – 模型】对话框

选择【文件】▶【打印】命令，弹出【打
印 – 模型】对话框。

2 选择相应打印方向

可以根据需要，在右下角的【图形方向】
区域中选择相应打印方向。

11.3.5 切换打印样式列表

根据需要可以设置切换打印样式列表，其具体操作步骤如下。

1 【打印–模型】对话框

选择【文件】▶【打印】命令，弹出【打
印–模型】对话框。

2 选择需要的打印样式

根据需要，可以在右上方的【打印样式表
（画笔指定）】区域中选择所需要的打印样式。

3 编辑打印样式

选择打印样式表后，其文本框右侧的【编辑】按钮由原来的不可用状态变为可用状态，单击此
按钮将打开【打印样式表编辑器】对话框，在该对话框中可以编辑打印样式。

11.4 实战演练——快速输出为可印刷的光栅图像

本节视频教学时间 / 5分钟

本实例是一张实验室照明平面图，通过所学的知识将这张图纸先打印为光栅图像后再进行印刷。通过学习本实例，读者可以熟练掌握输出光栅图像的操作步骤。使用绘图仪管理器和打印命令输出为可印刷的光栅图像的具体操作步骤如下。

1. 添加绘图仪

1 打开素材文件

打开随书光盘中的"素材\ch12\光栅图像.dwg"文件。

2 选择【文件】命令

选择【文件】▶【绘图仪管理器】命令。

3 双击【添加绘图仪向导】图标

系统自动弹出【plotters】窗口，双击【添加绘图仪向导】图标。

4 单击【下一步】按钮

弹出【添加绘图仪 - 简介】对话框。单击【下一步】按钮。

5 单击【下一步】按钮

弹出【添加绘图仪 - 开始】对话框。单击【下一步】按钮。

6 选择"生产商"

弹出【添加绘图仪 - 绘图仪型号】对话框，选择"生产商"为"光栅文件格式"，选择"型号"为"独立JPEG编组JFIF（JPEG压缩）"。单击【下一步】按钮。

7 单击【下一步】按钮

弹出【添加绘图仪 - 输入PCP或PC2】对话框。单击【下一步】按钮。

8 单击【下一步】按钮

弹出【添加绘图仪 – 端口】对话框。单击【下一步】按钮。

9 单击【下一步】按钮

弹出【添加绘图仪 – 绘图仪名称】对话框。单击【下一步】按钮。

10 单击【完成】按钮

弹出【添加绘图仪 – 完成】对话框，单击【完成】按钮完成操作。

2. 打印图纸

1 【打印 – 模型】对话框

选择【文件】▶【打印】命令，弹出【打印 – 模型】对话框。

2 选择虚拟打印机

单击【打印机/绘图仪】区域中的"名称"栏，选择刚才新建的虚拟打印机"独立JPEG编组JFIF（JPEG压缩）.pc3"。

3 【打印 – 未找到图纸尺寸】对话框

系统自动弹出【打印 – 未找到图纸尺寸】对话框。

4 选择窗口

选择【使用默认图纸尺寸SunHi-Res（1600.00×1280.00）像素】选项，并在【打印 – 模型】对话框中选择【打印范围】为"窗口"。

5 指定打印区域

在绘图区单击并拖动鼠标以指定打印区域。

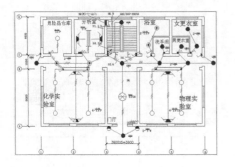

6 选中【布满图纸】和【居中打印】

系统自动返回至【打印－模型】对话框，勾选【布满图纸】和【居中打印】复选框，并将图形方向选择为"横向"。

7 选择【打印】命令

单击【预览】按钮对打印图像进行预览，在预览图上单击鼠标右键弹出快捷菜单，选择【打印】命令。

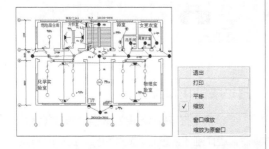
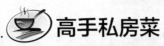

8 单击【保存】按钮

在弹出的【浏览打印文件】对话框中选择文件保存的路径和名字，然后单击【保存】按钮完成操作。

高手私房菜

技巧：把图纸用Word打印出来

在AutoCAD中将相关图形复制到剪贴板中，然后进入Word文档将剪贴板中的图形粘贴到当前Word环境中，即可实现Word环境中AutoCAD图形的有效插入。需要注意将AutoCAD图形复制到剪贴板时，AutoCAD的背景色应为白色，另外插入到Word中的AutoCAD图形通常空边较大，可以用Word中的图片工具栏进行修剪。

第 12 章
机械设计案例
——绘制减速器箱体

减速器是原动机和工作机之间独立的闭式传动装置，在原动机和工作机或执行机构之间起匹配转速和传递转矩的作用。箱体是减速器传动零件的基座，在减速器的整体结构中起重要作用。

学习效果图

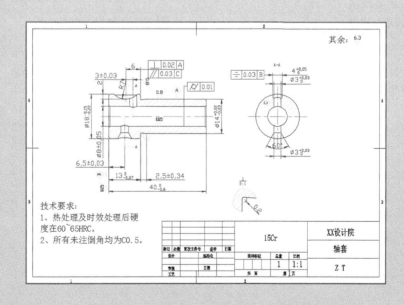

12.1 减速器箱体概述

本节视频教学时间 / 2分钟

减速器箱体是典型的箱体类零件，其结构和形状复杂，并且壁薄，外部为了增加强度通常在关键部位设计有多个加强筋。在上箱盖和下箱体之间采用螺栓连接，轴承座的连接螺栓应尽量靠近轴承座孔，而轴承座旁边的凸台应具有足够的承托面，以便放置连接螺栓，并保证旋紧螺栓时所需的扳手空间。

减速器箱体在整个减速器中起支撑和连接作用，它把各个零件连接起来，支撑传动轴，保证各传动机构的正确安装及运作。减速器箱体通常是由灰铸铁制造，根据工作需要也可由铸钢箱体或钢板焊接制造。

12.2 创建减速器下箱体三维模型

本节视频教学时间 / 40分钟

本节将对减速器下箱体三维模型进行创建，需要注意减速器下箱体各个部分的结构特征。

12.2.1 绘制底板

底板的创建过程主要运用了【PLINE】【FILLET】及【EXTRUDE】等命令，具体操作步骤如下。

1. 绘制多段线

1 打开素材文件

打开随书光盘中的"素材\ch26\减速器箱体.dwg"文件，选择【三维建模】工作空间并显示菜单栏。

2 选择【前视】菜单命令

选择【视图】➤【三维视图】➤【前视】菜单命令，效果如下图所示。

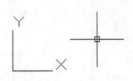

3 选择起点

选择【绘图】➤【多段线】菜单命令，在绘图区域中单击任意一点作为多段线的起点，如右图所示。

4 命令提示

在命令提示下分别指定多段线下一点的位置，命令行提示如下。

指定下一个点或 [圆弧(A)/半宽(H)/长度(L)/放弃(U)/宽度(W)]: @100,0　✓

指定下一点或 [圆弧(A)/闭合(C)/半宽(H)/长度(L)/放弃(U)/宽度(W)]: @0,10　✓

指定下一点或 [圆弧(A)/闭合(C)/半宽(H)/长度(L)/放弃(U)/宽度(W)]: @200,0　✓

指定下一点或 [圆弧(A)/闭合(C)/半宽(H)/长度(L)/放弃(U)/宽度(W)]: @0,-10　✓

指定下一点或 [圆弧(A)/闭合(C)/半宽(H)/长度(L)/放弃(U)/宽度(W)]: @100,0　✓

指定下一点或 [圆弧(A)/闭合(C)/半宽(H)/长度(L)/放弃(U)/宽度(W)]: @0,20　✓

指定下一点或 [圆弧(A)/闭合(C)/半宽(H)/长度(L)/放弃(U)/宽度(W)]: @-400,0　✓

指定下一点或 [圆弧(A)/闭合(C)/半宽(H)/长度(L)/放弃(U)/宽度(W)]: c　✓

5 效果图

效果如下图所示。

效果图

2. 执行【拉伸】建模操作

1 选择【西南等轴测】菜单命令

选择【视图】➤【三维视图】➤【西南等轴测】菜单命令，效果如下图所示。

2 输入命令

在命令行输入"UCS"并按两次【Enter】键确认，命令行提示如下。

命令: UCS　✓
当前 UCS 名称: ★前视★
指定 UCS 的原点或 [面(F)/命名(NA)/对象(OB)/上一个(P)/视图(V)/世界(W)/X/Y/Z/Z轴(ZA)] <世界>:　✓

3 绕X轴旋转90°

结果如下左图所示。然后选择【常用】选项卡➤【坐标】面板➤【X】按钮，将坐标系绕x轴旋转90°，结果如下右图所示。

4 选择拉伸对象

选择【绘图】➤【建模】➤【拉伸】菜单命令，在绘图区域中选择闭合多段线作为要拉伸的对象，如下图所示。

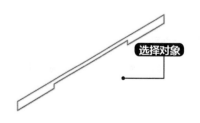

选择对象

5 指定拉伸高度

按【Enter】键确认，在命令提示下指定拉伸高度，命令行提示如下。

指定拉伸的高度或 [方向(D)/路径(P)/倾斜角
(T)/表达式(E)]: 180 ↙

6 效果图

效果如下图所示。

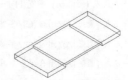

3. 执行【圆角】操作

1 指定拉伸高度选择需要圆角的边

选择【实体】选项卡▶【实体编辑】面板
▶【圆角边】按钮 ，选择需要圆角的4条边，如下图所示。

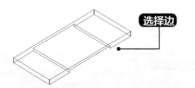

选择边

2 输入圆角半径

按【Space】键结束圆角边的选择，然后在命令行输入"R"并按【Space】键，输入圆角半径"20"，圆角后效果如下图所示。

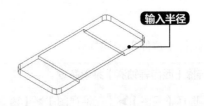

输入半径

12.2.2 绘制内腔胚体及连接板

内腔胚体及连接板的创建过程主要运用了长方体和圆角边命令，其中为了方便绘图可以将坐标系的原点移动到图形的特殊点上作为参照，下面将分别对其进行创建，具体操作步骤如下。

1 选中坐标系

用鼠标单击以选中坐标系，如下图所示。

2 拖动到中点处

按住坐标原点，将它拖动到下图所示的中点处。

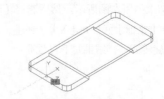

3 确定移动

在空白区域单击鼠标左键确定移动，效果如右图所示。

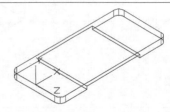

4 指定长方体的角点

选择【常用】选项卡▶【建模】面板▶【长方体】按钮，在命令行指定长方体的两个角点。

命令: _box

指定第一个角点或 [中心(C)]: 0,0,60

指定其他角点或 [立方体(C)/长度(L)]: 400,150,-60

5 效果图

效果如下图所示。

6 重复步骤 4

重复步骤 **4** ，绘制连接板，在命令行指定长方体的两个角点。

命令: _box

指定第一个角点或 [中心(C)]: -40,150,-90

指定其他角点或 [立方体(C)/长度(L)]: 440,136,90

7 绘制结果

绘制完成后效果如下图所示。

8 选择需要圆角边

选择【实体】选项卡▶【实体编辑】面板▶【圆角边】按钮，选择需要圆角的4条边，如下图所示。

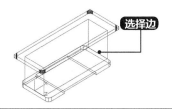

9 输入圆角半径

按【Space】键结束圆角边的选择，然后在命令行输入"R"并按【Space】键，输入圆角半径"40"，圆角后效果如下图所示。

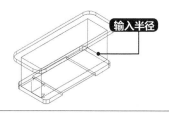

12.2.3 绘制轴承座及凸台

轴承座及凸台的创建过程主要运用了圆、直线、修剪、多段线编辑、拉伸和长方体等命令，下面将分别对其进行创建，具体操作步骤如下。

1. 创建轴承座二维轮廓线

1 切换为【前视】视图

单击绘图窗口左上角的视图控件，将视图切换为【前视】视图，如右图所示。

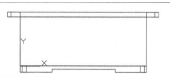

2 拖动到线段中点

用鼠标单击以选中坐标系，按住坐标原点，将它拖动到下图所示的线段中点处。

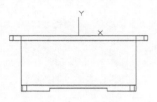

3 绘制圆

在命令行中输入【C】并按【Space】键调用圆命令，以坐标（55,0）为圆心，绘制一个半径为110的圆，如下图所示。

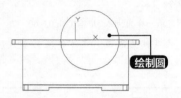

4 重复步骤 3

重复步骤 3，以坐标（-105,0）为圆心，绘制一个半径为70的圆，如下图所示。

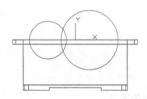

5 捕捉象限点

在命令行中输入【L】并按【Space】键调用直线命令，在绘图区域中捕捉下图所示的象限点作为线段起点。

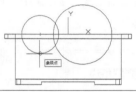

6 绘制水平线段

绘制一条长130的水平线段，如下图所示。

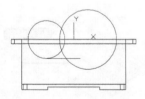

7 重复线段命令

重复线段命令，在绘图区域中捕捉下图所示的象限点作为线段起点。

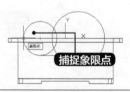

8 捕捉象限点

在绘图区域中拖曳鼠标指针并捕捉下图所示的象限点作为线段端点。

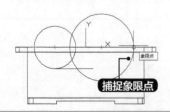

9 选择修剪对象

在命令行中输入【TR】并按【Space】键调用修剪命令，选择绘制的两个圆和两条直线为修剪对象，如下图所示。

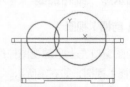

10 修剪图形

然后对图形进行修剪，效果如右图所示。

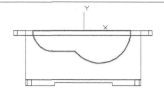

2. 通过二维轮廓生成三维轴承座和绘制凸台

1 命令行提示

在命令行中输入【PE】并按【Space】键调用多段线编辑命令，AutoCAD命令行提示如下。

命令: PEDIT

选择多段线或 [多条(M)]: m

选择对象: 找到 1 个

……，总计 4 个　　　//选择刚绘制的圆弧和直线

选择对象:　　//按【Space】键结束选择

是否将直线、圆弧和样条曲线转换为多段线? [是(Y)/否(N)]? <Y>　　　　//按【Space】键接受默认选项

输入选项 [闭合(C)/打开(O)/合并(J)/宽度(W)/拟合(F)/样条曲线(S)/非曲线化(D)/线型生成(L)/反转(R)/放弃(U)]: j

合并类型 = 延伸

输入模糊距离或 [合并类型(J)] <0.0000>:

//按【Space】键接受默认选项

多段线已增加 3 条线段

//按【Space】键结束命令

2 合并对象

两条圆弧和两条线段转换成多段线并合并成一个对象，如右图所示。

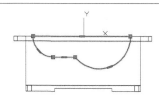

3 输入拉伸高度

选择【常用】选项卡▶【建模】面板▶【拉伸】按钮，在绘图区域中选择上一步所创建的多段线对象，然后输入拉伸高度200。将视图切换到【西南等轴测】后如下图所示。

4 调用消隐命令

在命令行中输入【HI】并按【Space】键调用消隐命令，消隐后如下图所示。

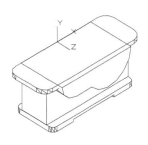

5 指定长方体的两个角点

选择【常用】选项卡➤【建模】面板➤
【长方体】按钮 ，在命令行指定长方体的两
个角点。

命令: _box

指定第一个角点或 [中心(C)]: 195,0,0

指定其他角点或 [立方体(C)/长度(L)]: −195,−
30,180

6 绘制完成

长方体绘制完成后如下图所示。

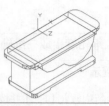

7 样式切换为【隐藏】

单击绘图窗口左上角的视图控件，将视觉
样式切换为【隐藏】，如下图所示。

8 隐藏视觉样式效果

在隐藏视觉样式下，效果如下图所示。

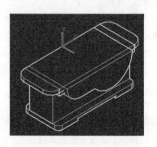

12.2.4 绘制内腔及轴承孔

轴承座及凸台的创建过程主要运用了并集、长方体、圆柱体及差集等命令，下面将分别对其进
行创建，具体操作步骤如下。

1 选择全部对象

选择【常用】选项卡➤【实体编辑】面板
➤【并集】按钮 ，在绘图区域中选择全部对
象，将它们合并成一个整体，并更改坐标系的
位置，效果如下图所示。

2 指定长方体的两个角点

选择【常用】选项卡➤【建模】面板➤
【长方体】按钮 ，在命令行指定长方体的两
个角点。

命令: _box

指定第一个角点或 [中心(C)]: −185,−170,−40

指定其他角点或 [立方体(C)/长度(L)]: 185, 0,−140

3 绘制完成

长方体绘制完成后如下图所示。

4 样式切换为【二维线框】

单击绘图窗口左上角的视图控件，将视觉样式切换为【二维线框】，绘制的长方体如下图所示。

绘制长方体

5 选择【差集】按钮

选择【常用】选项卡➤【实体编辑】面板➤【差集】按钮，在绘图区域中选择"要从中减去的实体、曲面和面域"，如下图所示。

6 按【Space】键确认

按【Space】键确认，然后在绘图区域中选择"要减去的实体、曲面和面域"，如下图所示。

7 切换到【概念】样式

按【Space】键确认，然后将视图切换到【概念】样式，效果如下图所示。

效果图

8 命令行提示

选择【常用】选项卡➤【建模】面板➤【圆柱体】按钮，根据命令行提示进行如下操作。

命令：CYLINDER
指定底面的中心点或 [三点(3P)/两点(2P)/切点、切点、半径(T)/椭圆(E)]：−105,0,10
指定底面半径或 [直径(D)]：45
指定高度或 [两点(2P)/轴端点(A)] <−100.0000>：−200
命令：CYLINDER
指定底面的中心点或 [三点(3P)/两点(2P)/切点、切点、半径(T)/椭圆(E)]：55,0,10
指定底面半径或 [直径(D)] <45.0000>：80
指定高度或 [两点(2P)/轴端点(A)] <−200.0000>：−200

9 完成效果

两个圆柱体绘制完成后如下图所示。

绘制圆柱体

10 减去圆柱体

选择【常用】选项卡➤【实体编辑】面板➤【差集】按钮，将刚绘制的两个圆柱体从箱体中减去，效果如下图所示。

12.2.5 绘制加强筋

加强筋的创建过程主要运用了长方体、三为镜像及并集等命令，下面将对其进行创建，具体操作步骤如下。

1. 绘制一侧加强筋

1 换到【隐藏】样式

将视图切换到【隐藏】样式，如下图所示。

2 拖动到中点处

用鼠标单击以选中坐标系，按住坐标原点，将它拖动到下图所示的直线中点处。

拖动至中点

3 指定长方体的两个角点

选择【常用】选项卡➤【建模】面板➤【长方体】按钮，在命令行指定长方体的两个角点。

命令: _box

指定第一个角点或 [中心(C)]: –100, 0,–10

指定其他角点或 [立方体(C)/长度(L)]:

–110,100,–30

4 第一条筋绘制完毕

第一条筋绘制完毕后如下图所示。

5 重复矩形命令

重复调用矩形命令，绘制另一条加强筋，在命令行指定长方体的两个角点。

命令: _box

指定第一个角点或 [中心(C)]:50, 0,–10

指定其他角点或 [立方体(C)/长度(L)]: 60,60,–30

6 效果图

效果如下图所示。

2. 绘制另一侧加强筋

1 选择镜像对象

选择【常用】选项卡➤【修改】面板➤【三维镜像】按钮，选择刚绘制的两条加强筋为镜像对象，如右图所示。

2 捕捉中点

按【Space】键结束镜像对象的选择，然后捕捉如下图所示的中点作为镜像平面上的第一点。

3 捕捉中点

继续捕捉下图所示的中点作为镜像平面上的第二点。

4 捕捉中点

继续捕捉下图所示的中点作为镜像平面上的第三点。

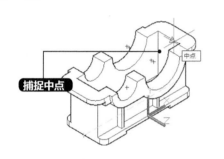

5 切换到【东北等轴测】视图

镜像平面选择完成后当命令行提示是否删除源对象时，选择"否"。镜像完成后将视图切换到【东北等轴测】视图来观察镜像后另一侧的两条加强筋，如下图所示。

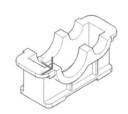

6 合并成一个整体

选择【常用】选项卡▶【实体编辑】面板▶【并集】按钮 ⬤，在绘图区域中选择全部对象，将它们合并成一个整体，效果如右图所示。

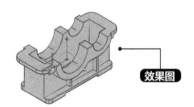

12.2.6 绘制放油孔

放油孔主要用于排放污油和清洗液，创建过程中主要运用了创建坐标系、圆柱体及差集命令。具体操作步骤如下。

1 切换到【西南等轴测】

将视图切换到【西南等轴测】，如右图所示。

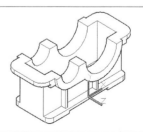

2 拖动到中点处

用鼠标单击以选中坐标系，按住坐标原点，将它拖动到下图所示的直线中点处。

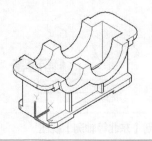

3 绕Y轴旋转-90°

选择【常用】选项卡➤【坐标】面板➤【Y】按钮，将坐标系绕y轴旋转-90°，如下图所示。

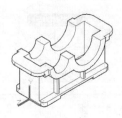

4 命令行提示

选择【常用】选项卡➤【建模】面板➤【圆柱体】按钮，根据命令行提示进行如下操作。

命令：CYLINDER

指定底面的中心点或 [三点(3P)/两点(2P)/切点、切点、半径(T)/椭圆(E)]:0,20, 0

指定底面半径或 [直径(D)]: 9

指定高度或 [两点(2P)/轴端点(A)]<-100.0000>: 5

5 移动坐标系

圆柱体绘制完成后将坐标系移到绘图区空白处，效果如下图所示。

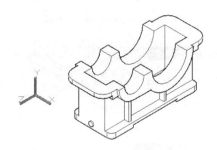

6 命令行提示

重复调用圆柱体命令，根据命令行提示进行如下操作。

命令：CYLINDER

指定底面的中心点或 [三点(3P)/两点(2P)/切点、切点、半径(T)/椭圆(E)]:

//捕捉上步绘制的圆柱体的底面圆心

指定底面半径或 [直径(D)]: 5

指定高度或 [两点(2P)/轴端点(A)]<-100.0000>: -30

7 效果图

效果如下图所示。

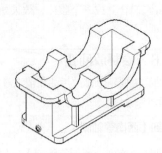

8 命令行提示

选择【常用】选项卡▶【实体编辑】面板
▶【差集】按钮 ，命令行提示如下。

命令: _subtract

选择要从中减去的实体、曲面和面域…

选择对象: //选择除步骤6的圆柱体外的所有

图形

选择对象: ✓

选择要减去的实体、曲面和面域…

选择对象: //选择步骤6创建的圆柱体

选择对象: ✓

9 合并为整体

差集后整个图形成为一个整体，如下图所示。

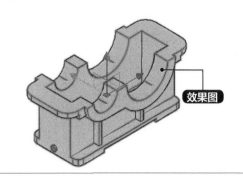

效果图

12.2.7 绘制油位测量孔

油位测量孔主要用于检查减速器内油池油面的高度，创建过程中主要运用了矩形、圆角、旋转、圆柱体及差集命令。具体操作步骤如下。

1．绘制油位测量孔凸出部分

1 命令行提示

选择【常用】选项卡▶【绘图】面板▶
【矩形】按钮 ，命令行提示如下。

命令: _rectang

指定第一个角点或 [倒角(C)/标高(E)/圆角(F)/
厚度(T)/宽度(W)]: fro ✓

2 捕捉中点

捕捉下图所示的中点作为参考点。

捕捉中点

3 命令行提示

命令行提示如下。

基点: <偏移>: @-12,80 ✓

指定另一个角点或 [面积(A)/尺寸(D)/旋转
(R)]: @24,32 ✓

4 效果图

效果如下图所示。

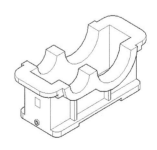

5 指定圆角半径

在命令行中输入【F】并按【Space】键调用圆角命令，指定圆角半径为"12"，对步骤 4 创建的矩形进行圆角，效果如下图所示。

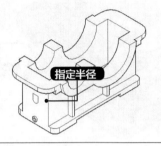

6 选择拉伸对象

选择【常用】选项卡➤【建模】面板➤【旋转】按钮，在绘图区域选择步骤 5 创建的圆角矩形作为旋转拉伸对象，如下图所示。

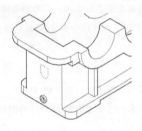

7 捕捉端点

按【Space】键确认旋转对象后捕捉下图所示的端点作为旋转轴第一点。

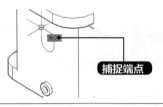

8 捕捉端点

捕捉下图所示的端点作为旋转轴另一点。

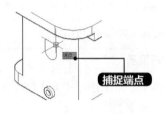

9 指定旋转角度

指定旋转角度为"-30"，效果如下图所示。

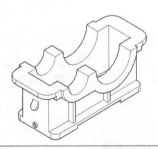

2. 绘制油位测量孔

1 绕 x 轴旋转 -30°

选择【常用】选项卡➤【坐标】面板➤【Y】按钮，将坐标系绕 x 轴旋转 -30°，效果如右图所示。

2 选择圆心位置

选择【常用】选项卡➤【建模】面板➤
【圆柱体】按钮，在绘图区域选择下图所示
的圆心位置作为圆柱体的底面中心点。

3 指定底面半径

指定为圆柱体的底面半径"7.5"，高度指
定为"-40"，效果如下图所示。

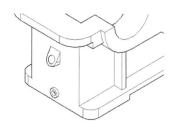

4 命令行提示

选择【常用】选项卡➤【实体编辑】面板
➤【差集】按钮，命令行提示如下。

命令：_subtract
选择要从中减去的实体、曲面和面域...
选择对象：
//选择除底面半径为"7.5"的圆柱体外的所
有图形
选择对象：　✓
选择要减去的实体、曲面和面域...
选择对象：　　//选择底面半径为"7.5"的圆
柱体
选择对象：　✓

5 效果图

差集后效果如下图所示。

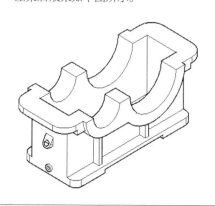

12.2.8 绘制底板螺栓孔

底板螺栓孔的创建主要运用了圆柱体、阵列及差集命令。具体操作步骤如下。

1. 绘制圆柱体

1 设定为世界坐标系

选择【常用】选项卡➤【坐标】面板➤
【世界坐标系】按钮，将坐标系重新设定为
世界坐标系，如下图所示。

2 选择圆心点

选择【常用】选项卡➤【建模】面板➤
【圆柱体】按钮，在绘图区域选择下图所示
的圆心点作为圆柱体的底面中心。

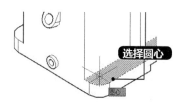

3 指定底面半径

指定圆柱体的底面半径为"7.25"，高度指定为"-5"，效果如下图所示。

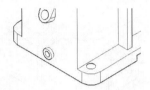

4 选择圆心点

选择【常用】选项卡➤【建模】面板➤【圆柱体】按钮，在绘图区域选择下图所示的圆心点作为圆柱体的底面中心。

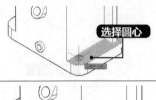

5 指定底面半径

指定圆柱体的底面半径为"3.4"，高度指定为"-35"，效果如右图所示。

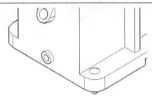

2. 绘制底板螺栓孔

1 进行设置

选择【常用】选项卡➤【修改】面板➤【矩形阵列】按钮，选择上面绘制的两个圆柱体为阵列对象，在弹出的【阵列创建】选项卡上对行和列按下图所示进行设置。

列数:	3	行数:	2
介于:	180	介于:	140
总计:	360	总计:	140
列		行 ▼	

2 设置层数

设置层数为1，然后单击"关闭阵列"按钮，效果如下图所示。

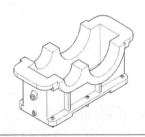

3 命令行提示

选择【常用】选项卡➤【实体编辑】面板➤【差集】按钮，命令行提示如下。

命令：_subtract
选择要从中减去的实体、曲面和面域...
选择对象：　//选择除底面半径为"7.25"和底面半径为"3.4"的12个圆柱体以外的所有图形
选择对象：　✓
选择要减去的实体、曲面和面域...
选择对象：　//选择底面半径为"7.25"和底面半径为"3.4"的正面的6个圆柱体
选择对象：　✓

4 差集完成结果

差集完成后效果如下图所示。

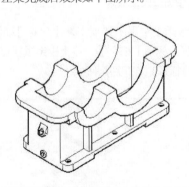

5 切换视图

将视图切换到【东北等轴测】视图，如下图所示。

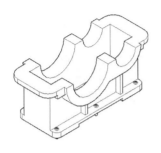

6 命令行提示

选择【常用】选项卡▶【实体编辑】面板▶【差集】按钮，命令行提示如下。

命令:_subtract
选择要从中减去的实体、曲面和面域...
选择对象:　　//选择除底面半径为"7.25"和底面半径为"3.4"的6个圆柱体以外的所有图形
选择对象:　　✓
选择要减去的实体、曲面和面域...
选择对象:　　//选择底面半径为"7.25"和底面半径为"3.4"的正面的6个圆柱体
选择对象:　　✓

7 差集完成结果

差集完成后效果如右图所示。

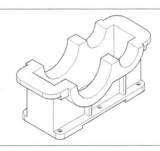

12.2.9　绘制凸台螺栓孔

凸台螺栓孔的创建主要运用了圆柱体、阵列及差集命令。具体操作步骤如下。

1 切换视图

将视图切换到【西南等轴测】视图，如下图所示。

2 拖动到端点

用鼠标单击以选中坐标系，按住坐标原点，将它拖动到下图所示的端点处。

3 命令行提示

选择【常用】选项卡▶【建模】面板▶【圆柱体】按钮，根据命令行提示进行如下操作。

命令: CYLINDER
指定底面的中心点或 [三点(3P)/两点(2P)/切点、切点、半径(T)/椭圆(E)]:-30,25
指定底面半径或 [直径(D)]: 6.5
指定高度或 [两点(2P)/轴端点(A)] <-30.0000>: -40

4 效果图

效果如下图所示。

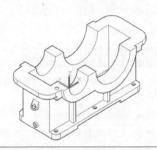

5 进行设置

选择【常用】选项卡➤【修改】面板➤【矩形阵列】按钮，选择上面绘制的圆柱体为阵列对象，在弹出的【阵列创建】选项卡上对行和列按下图所示进行设置。

列数:	2	行数:	2
介于:	360	介于:	150
总计:	360	总计:	150
列		行 ▼	

6 设置层数

设置层数为1，然后单击"关闭阵列"按钮，效果如下图所示。

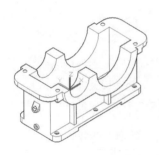

7 命令行提示

选择【常用】选项卡➤【实体编辑】面板➤【差集】按钮，命令行提示如下。

命令: _subtract
选择要从中减去的实体、曲面和面域...
选择对象: //选择除底面半径为"6.5"的4个圆柱体以外的所有图形
选择对象: ✓
选择要减去的实体、曲面和面域...
选择对象: //选择底面半径为"6.5"的4个圆柱体
选择对象: ✓

8 差集完成后结果

差集完成后效果如右图所示。

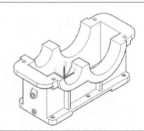

12.2.10 绘制连接板螺栓孔

连接板螺栓孔的创建主要运用了圆柱体、阵列及差集命令。具体操作步骤如下。

1 命令行提示

选择【常用】选项卡➤【建模】面板➤【圆柱体】按钮，根据命令行提示进行如下操作。

命令: CYLINDER
指定底面的中心点或 [三点(3P)/两点(2P)/切点、切点、半径(T)/椭圆(E)]:−65,50
指定底面半径或 [直径(D)]: 8
指定高度或 [两点(2P)/轴端点(A)] <−40.0000>:−30

2 效果图

效果如下图所示。

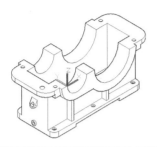

3 进行设置

选择【常用】选项卡➤【修改】面板➤
【矩形阵列】按钮⊞，选择上面绘制的圆柱体
为阵列对象，在弹出的【阵列创建】选项卡上
对行和列按下图所示进行设置。

⫼ 列数：	2	☰ 行数：	2
⫼ 介于：	430	☰ᵢ 介于：	100
⫼ 总计：	430	☰ᵢ 总计：	100
		列	行 ▾

4 设置层数

设置层数为1，然后单击"关闭阵列"按
钮，效果如下图所示。

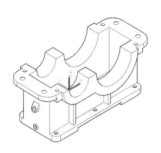

5 命令行提示

选择【常用】选项卡➤【实体编辑】面板
➤【差集】按钮⊘，命令行提示如下。

命令: _subtract
选择要从中减去的实体、曲面和面域…
选择对象:　//选择除底面半径为"8"的4个
圆柱体以外的所有图形
选择对象:　✓
选择要减去的实体、曲面和面域…
选择对象:　//选择底面半径为"8"的4个圆
柱体
选择对象:　✓

6 差集后结果

差集后效果如右图所示。

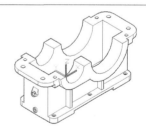

12.2.11　绘制销钉孔

销钉孔的创建主要运用了圆柱体、复制及差集命令。具体操作步骤如下。

1 命令行提示

选择【常用】选项卡➤【建模】面板➤【圆柱体】按钮◻，根据命令行提示进行如下操作。

命令: CYLINDER
指定底面的中心点或 [三点(3P)/两点(2P)/切点、切点、半径(T)/椭圆(E)]:-60,30
指定底面半径或 [直径(D)]:6
指定高度或 [两点(2P)/轴端点(A)] <-30.0000>:-30

2 效果图

效果如下图所示。

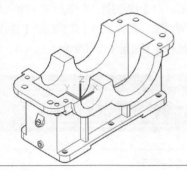

3 命令行提示

在命令行输入【CO】并按【Space】键调用复制命令，命令行提示如下。

命令：_copy
选择对象：　//选择底面半径为"6"的圆柱体
选择对象：　✓
当前设置：复制模式 = 多个
指定基点或 [位移(D)/模式(O)] <位移>:
//任意单击一点
指定第二个点或 [阵列(A)] <使用第一个点作为位移>：@420,140　✓

4 复制完成

复制完成后如下图所示。

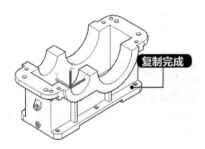

复制完成

5 命令行提示

选择【常用】选项卡➤【实体编辑】面板➤【差集】按钮 ，命令行提示如下。

命令：_subtract
选择要从中减去的实体、曲面和面域...
选择对象：　//选择除底面半径为"6"的2个圆柱体以外的所有图形
选择对象：　✓
选择要减去的实体、曲面和面域...
选择对象：　//选择底面半径为"6"的2个圆柱体
选择对象：　✓

6 差集后结果

差集后效果如右图所示。

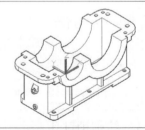

12.2.12　绘制衬垫槽

衬垫槽的创建主要运用了长方体和差集命令。具体操作步骤如下。

1 指定长方体的两个角点

选择【常用】选项卡➤【建模】面板➤【长方体】按钮 ，在命令行指定长方体的两个角点。

命令：_box
指定第一个角点或 [中心(C)]: −50,40,0
指定其他角点或 [立方体(C)/长度(L)]: −350,130,−3

2 绘制完成

长方体绘制完成后如下图所示。

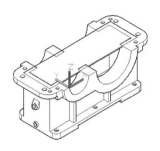

3 命令行提示

选择【常用】选项卡▶【实体编辑】面板
▶【差集】按钮，命令行提示如下。

命令: _subtract
选择要从中减去的实体、曲面和面域...
选择对象:
//选择除刚绘制的长方体以外的所有图形
选择对象: ✓
选择要减去的实体、曲面和面域...
选择对象: //选择刚绘制的长方体
选择对象: ✓

4 差集后结果

差集后效果如下图所示。

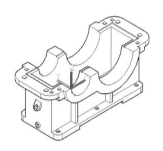

5 重新设定坐标系

选择【常用】选项卡▶【坐标】面板▶
【世界坐标系】按钮，将坐标系重新设定为
世界坐标系，如下图所示。

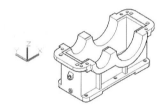

12.3 将减速器下箱体三维模型转换为二维工程图

本节视频教学时间 / 13分钟

减速器下箱体三维模型创建完成后可以将其转换为二维工程图，本节将对减速器下箱体三维模型转换为二维工程图的转换过程进行讲解。

12.3.1 将三维模型转换为二维工程图

可以利用AutoCAD 2016中的布局功能将减速器下箱体三维模型转换为二维工程图，具体操作步骤如下。

1 窗口切换

将当前窗口切换至【布局1】，如右图所示。

2 选中当前视口

单击以选中当前视口，如下图所示。

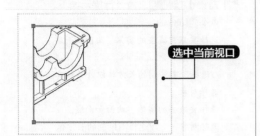

选中当前视口

3 删除当前视口

按【Delete】键将当前视口删除，效果如下图所示。

4 指定视口第一角点

单击【布局】选项卡➤【布局视口】面板➤【矩形】按钮，在当前布局窗口单击以指定视口第一角点，如下图所示。

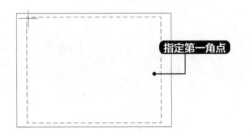

指定第一角点

5 指定视口对角点

拖动鼠标并单击以指定视口对角点，如下图所示。

6 效果图

效果如下图所示。

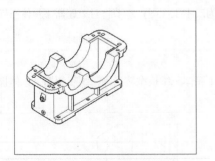

7 移至视口之外

双击当前视口并滚动鼠标滚轮，将减速器下箱体三维模型移至视口之外。然后在视口之外的空白区域处双击确定，效果如下图所示。

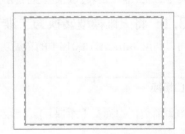

⑧ 指定基础视图的位置

单击【布局】选项卡▶【创建视图】面板▶【基点】下拉按钮▶【从模型空间】按钮，在当前视口中单击以指定基础视图的位置，如下图所示。

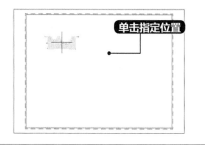

⑨ 选择【可见线】按钮

在【工程视图创建】选项卡的【外观】面板中将比例设置为1:5，单击【隐藏线】下拉按钮，选择【边可见性】按钮，如下图所示。

⑩ 指定其他视图的位置

单击【确定】按钮后拖动鼠标并分别单击以指定其他视图的位置，按【Space】键确认后效果如右图所示。

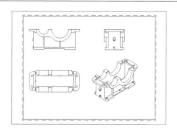

12.3.2 添加标注及文字说明

可以利用AutoCAD中的标注功能对减速器下箱体二维工程图进行尺寸标注及文字说明，具体操作步骤如下。

❶【标注样式管理器】对话框

在命令行输入【D】并按【Space】键调用标注样式管理器命令，弹出【标注样式管理器】对话框，如下图所示。

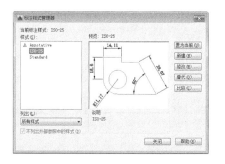

❷ 进行设置

单击【修改】按钮，在弹出的【修改标注样式：ISO-25】对话框中选择【线】选项卡，并按下图所示进行设置。

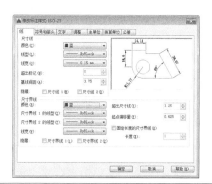

3 将比例值改为2

选择【调整】选项卡，将标注特征比例选为【使用全局比例】，并将比例值改为2，如下图所示。

4 进行线性标注

将【ISO-25】标注样式置为当前，并将【标注样式管理器】对话框关闭，然后选择【标注】▶【线性】菜单命令，对当前视口中的图形进行线性标注，效果如下图所示。

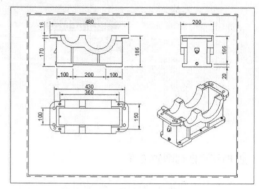

5 进行半径标注

选择【标注】▶【半径】菜单命令，对当前视口中的图形进行半径标注，效果如下图所示。

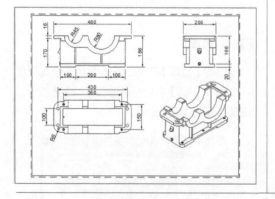

6 进行文字注释

在命令行输入【T】并按【Space】键调用多行文字命令，字体大小指定为"5"，对当前视口中的图形进行文字注释，如下图所示。

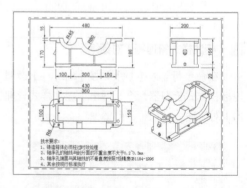

12.3.3 插入图框

对减速器下箱体二维工程图进行尺寸标注及文字说明后还可以为其插入图框，具体操作步骤如下。

1 插入素材

在命令行输入【I】并按【Space】键调用插入命令，弹出【插入】对话框，单击【浏览】按钮，选择随书光盘中的"A4图框.dwg"文件，如下图所示。

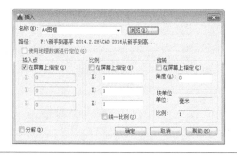

2 指定插入点

单击【确定】按钮，然后单击以指定图框的插入点，如下图所示。

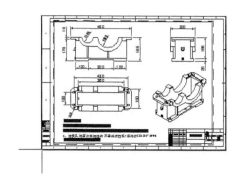

3 效果图

效果如下图所示。

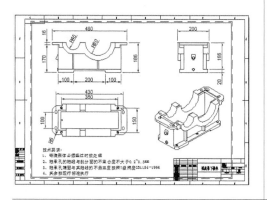

4 选择视口线框

选择视口线框，如下图所示。

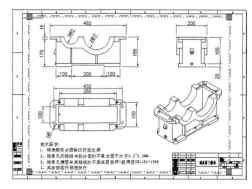

5 选择【Defpoints】图层

单击【常用】选项卡▶【图层】面板中的【图层】下拉按钮，然后选择【Defpoints】图层，如下图所示。

6 弹出【打印-布局1】对话框

按【Esc】键取消对视口线框的选择，然后选择【文件】▶【打印】菜单命令，弹出【打印-布局1】对话框，如下图所示。

7 指定打印窗口的第一个角点

选择相应的打印机，然后在【打印范围】选项框选择【窗口】，并指定打印窗口的第一个角点，如下图所示。

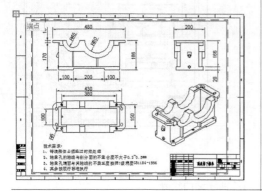

8 拖动鼠标

拖动鼠标并单击以指定打印窗口的对角点，如下图所示。

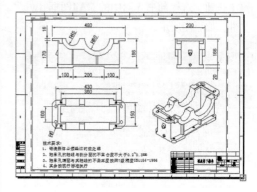

9 进行设置

系统自动返回【打印-布局1】对话框，进行相关选项设置，如下图所示。

10 单击【预览】按钮

单击【预览】按钮，如下图所示。

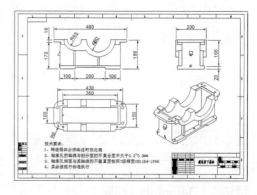

第13章
建筑设计案例
——绘制建筑三维模型

建筑三维模型是观察建筑效果的重要方法，是建筑设计的一部分。本章案例详细介绍了绘制建筑三维模型的操作方法，以便读者能轻松掌握绘制技巧。

学习效果图

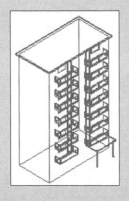

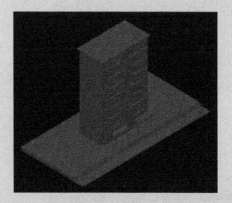

13.1 绘图环境设置

本节视频教学时间 / 3分钟

在使用AutoCAD 2016绘图之前，首先要设置当前图形的绘图环境，包括设置当前视图、设置图层、设置图形单位和精度等。

1. 设置当前视图

选择【视图】▶【三维视图】▶【西南等轴测】命令。

2. 设置图层

1【图层特性管理器】对话框

选择【格式】▶【图层】命令，弹出【图层特性管理器】对话框。

2 创建新图层

单击【新建图层】按钮，创建新图层。

3 更改图层名称和颜色

选中新生成的图层名"图层1"，将名称更改为"楼底层"。单击【颜色】按钮■，将图层颜色更改为颜色"8"。如下图所示。

4 图层设置

重复上述步骤**2**~**3**，分别新建图层"楼体层""门窗层"，除图层名称外，其余设置同"楼底层"一样，如下图所示。

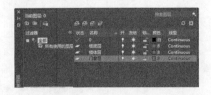

5 关闭【图层特性管理器】对话框

单击【关闭】按钮，关闭【图层特性管理器】对话框。

3. 设置图形单位及精度值

1 【图形单位】对话框

选择【格式】➤【单位】命令，弹出【图形单位】对话框。

2 更改【精度】

更改【精度】值为"0"。

3 设置完成

单击【确定】按钮，图形单位及精度值设置完成。

13.2 绘制各组件

本节视频教学时间 / 28分钟

在建筑设计中，绘制建筑三维模型是很重要的一部分，只有把三维模型绘制完成，才能在整体上了解此建筑设计的效果并进行下一步的工作。

13.2.1 绘制楼底

对于绘制建筑三维模型，可以分成多个区域进行绘制，最后进行组合，在这里可以先进行楼底的绘制。具体操作步骤如下。

1. 调整UCS

1 在命令行输入【UCS】

在命令行输入【UCS】，按【Enter】键，将Y轴旋转"-90"，命令行提示如下。

命令: UCS ✓

当前 UCS 名称: ★世界★

指定 UCS 的原点或 [面(F)/命名(NA)/对象(OB)/上一个(P)/视图(V)/世界(W)/X/Y/Z/Z轴(ZA)] <世界>: Y ✓

指定绕 Y 轴的旋转角度 <90>: -90 ✓

2 UCS坐标发生改变

此时UCS坐标已经发生了改变。

2. 绘制多段线

1 将【楼底层】置为当前

切换至"楼底层"，将【楼底层】置为当前。

2 绘制多段线

选择【绘图】▶【多段线】命令，绘制多段线。

3 多段线的起点

在绘图区域单击任意一点，作为多段线的起点，输入其他点坐标，命令行提示如下。

命令: _pline

指定起点:

当前线宽为 0

指定下一个点或 [圆弧(A)/半宽(H)/长度(L)/放弃(U)/宽度(W)]: @0,−21921

指定下一点或 [圆弧(A)/闭合(C)/半宽(H)/长度(L)/放弃(U)/宽度(W)]: @250,0

指定下一点或 [圆弧(A)/闭合(C)/半宽(H)/长度(L)/放弃(U)/宽度(W)]: @0,3030

指定下一点或 [圆弧(A)/闭合(C)/半宽(H)/长度(L)/放弃(U)/宽度(W)]: @250,0

指定下一点或 [圆弧(A)/闭合(C)/半宽(H)/长度(L)/放弃(U)/宽度(W)]: @0,300

指定下一点或 [圆弧(A)/闭合(C)/半宽(H)/长度(L)/放弃(U)/宽度(W)]: @250,0

指定下一点或 [圆弧(A)/闭合(C)/半宽(H)/长度(L)/放弃(U)/宽度(W)]: @0,300

指定下一点或 [圆弧(A)/闭合(C)/半宽(H)/长度(L)/放弃(U)/宽度(W)]: @250,0

指定下一点或 [圆弧(A)/闭合(C)/半宽(H)/长度(L)/放弃(U)/宽度(W)]: @0,18291

指定下一点或 [圆弧(A)/闭合(C)/半宽(H)/长度(L)/放弃(U)/宽度(W)]: c

4 效果图

效果如右图所示。

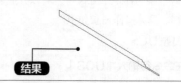

3. 对多段线进行拉伸

1 选择【绘图】命令

选择【绘图】▶【建模】▶【拉伸】命令。

2 选择绘制的闭合多段线

选择要拉伸的对象，选择刚才绘制的闭合多段线。

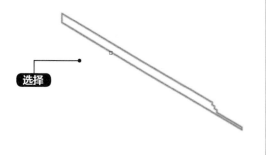

选择

3 命令行输入"45000"

按【Enter】键后，在命令行输入"45000"。

命令: _extrude

当前线框密度: ISOLINES=4, 闭合轮廓创建模式 = 实体

选择要拉伸的对象或 [模式(MO)]: _MO 闭合轮廓创建模式 [实体(SO)/曲面(SU)] <实体>: _SO

选择要拉伸的对象或 [模式(MO)]: 找到 1 个

选择要拉伸的对象或 [模式(MO)]:

指定拉伸的高度或 [方向(D)/路径(P)/倾斜角(T)/表达式(E)]: 45000

4 按【Enter】键

按【Enter】键，效果如右图所示。

效果图

13.2.2 绘制楼主体部分

绘制完成楼底后，开始绘制楼主体部分，具体操作步骤如下。

1. 调整UCS

1 在命令行输入【UCS】

在命令行输入【UCS】，按【Enter】键。在命令行输入"W"并按【Enter】键。命令行提示如下。

命令: UCS

当前 UCS 名称: *没有名称*

指定 UCS 的原点或 [面(F)/命名(NA)/对象(OB)/上一个(P)/视图(V)/世界(W)/X/Y/Z/Z轴(ZA)] <世界>: W

2 UCS坐标发生改变

此时UCS坐标已经发生了改变。

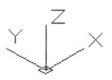

2. 绘制楼主体部分

1 将【楼体层】置为当前

将【楼体层】置为当前。

2 单击【冻结】选项

选择【楼底层】，单击【冻结】选项 ，
将【楼底层】冻结。

3 任意单击以指定第一点

选择【绘图】➤【建模】➤【长方体】命
令，在绘图区任意单击以指定第一点。

4 进行命令操作

根据命令行提示进行如下操作。

命令: _box
指定第一个角点或 [中心(C)]:
指定其他角点或 [立方体(C)/长度(L)]:
@16000,8000
指定高度或 [两点(2P)] <45000>: 25000

5 按【Enter】键

按【Enter】键后，效果如下图所示。

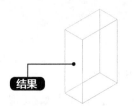
结果

6 设置参数

选择【绘图】➤【建模】➤【长方体】命
令，再绘制一个长方体，参数设置如下：对于
第一点，在绘图区域单击任意一点；对于另一
角点，在命令行输入"@17000,9000"，高度
指定为"200"，如右图所示。

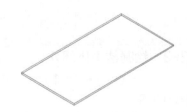

3. 移动

1 选择【修改】命令

选择【修改】➤【移动】命令。

2 选择长方体作为对象

单击以选择刚才创建的高度为200的长方体
作为对象。

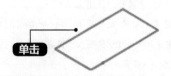
单击

3 按【Enter】键

按【Enter】键结束选择，基点选择长方体
底部中点。

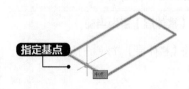
指定基点

4 第二点选择

对于第二点，选择高度为25000的长方体的上部中点，如下图所示。

5 移动后结果

移动后效果如下图所示。

6 移动的对象

选择【修改】▶【移动】命令，并选择高度为200的长方体作为移动的对象。

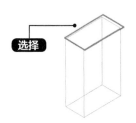

7 基点指定高度

按【Enter】键结束选择。基点指定为高度为200的长方体的下部中点。

8 移动的第二点

在命令行输入"@-500,0"作为移动的第二点，按【Enter】键确认，命令行提示如下。

命令: _move

选择对象: 找到 1 个

选择对象:

指定基点或 [位移(D)] <位移>:

指定第二个点或 <使用第一个点作为位移>:

@-500,0

9 效果图

效果如下图所示。

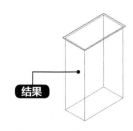

13.2.3　绘制门窗

楼层的主体部分完成后，接下来绘制门窗，具体绘制步骤如下。

1．绘制门

1 【楼体层】冻结

将【门窗层】置为当前，并将【楼体层】冻结。

2 指定第一点

选择【绘图】▶【建模】▶【长方体】命令，在绘图区任意单击以指定第一点。根据命令行提示执行操作。

命令: _box
指定第一个角点或 [中心(C)]:
指定其他角点或 [立方体(C)/长度(L)]:
@1000,180
指定高度或 [两点(2P)] <200>: 2500

3 按【Enter】键

按【Enter】键后，效果如下图所示。

结果

4 移动对象

将【楼体层】解冻，选择【修改】▶【移动】命令后，选择刚才创建的长方体作为移动对象。

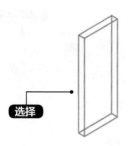

选择

5 将基点选择为长方体端点

按【Enter】键结束选择，将基点选择为长方体端点。

指定基点

6 选择第二点

对于第二点，选择高度为25000的长方体的端点，如下图所示。

指定基点

7 移动对象

重复【移动】命令，选择高度为2500的长方体为移动对象，在绘图区域任意一点单击以作为移动基点，然后在命令行输入"@-5000,0"作为移动的第二点，按【Enter】键确认后，效果如下图所示。

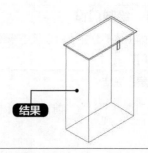

结果

8 移动对象

重复【移动】命令，选择高度为2500的长
方体为移动对象，在绘图区域单击任意一点以
作为移动基点，然后在命令行输入"@0,0,－
300"作为移动的第二点，按【Enter】键确认
后，效果如右图所示。

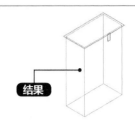

2. 阵列门

1 在命令行输入【UCS】

在命令行输入【UCS】，按【Enter】键，以*X*轴旋转角度为"90"，并按【Enter】键。命令
行提示如下。

命令: UCS
当前 UCS 名称: ★没有名称★
指定 UCS 的原点或 [面(F)/命名(NA)/对象(OB)/上一个(P)/视图(V)/世界(W)/X/Y/Z/Z 轴(ZA)] <世界>: X
指定绕 X 轴的旋转角度 <90>: 90

2 效果图

效果如下图所示。

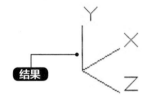

3 选择【矩形阵列】命令

选择【修改】➤【阵列】➤【矩形阵列】
命令。

4 选择长方体

此时在命令行中提示选择对象，在绘图区
中单击以选择高度为2500的长方体。

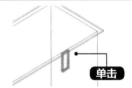

5 输入"R"

按【Enter】键确认后，在命令行输入"R"并按【Enter】键，根据命令行提示操作。

命令: _arrayrect
选择对象: 找到 1 个
选择对象:
类型 = 矩形 关联 = 是
选择夹点以编辑阵列或 [关联(AS)/基点(B)/计数(COU)/间距(S)/列数(COL)/行数(R)/层数(L)/退出(X)] <
退出>: r
输入行数数或 [表达式(E)] <3>: 7

指定 行数 之间的距离或 [总计(T)/表达式(E)] <3750>: −3000

指定 行数 之间的标高增量或 [表达式(E)] <0>:

选择夹点以编辑阵列或 [关联(AS)/基点(B)/计数(COU)/间距(S)/列数(COL)/行数(R)/层数(L)/退出(X)] <退出>: col

输入列数数或 [表达式(E)] <4>: 2

指定 列数 之间的距离或 [总计(T)/表达式(E)] <1500>: −5000

选择夹点以编辑阵列或 [关联(AS)/基点(B)/计数(COU)/间距(S)/列数(COL)/行数(R)/层数(L)/退出(X)] <退出>:

---

6 按【Enter】键结束

然后按【Enter】键结束命令。

3. 对门进行差集运算

1 选择第2步阵列的长方体

选择【修改】▶【分解】命令。选择第2步阵列的长方体。

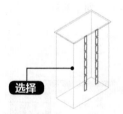

2 按【Enter】键

按【Enter】键确认，效果如下图所示。

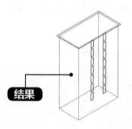

3 选择对象选择高度

选择【修改】▶【实体编辑】▶【差集】命令，对于选择对象选择高度为25000的长方体，如下图所示。

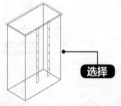

4 选择高度

按【Enter】键确认后，对于选择对象选择高度为2500的长方体。

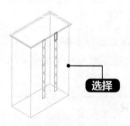

5 按【Enter】键

按【Enter】键后，效果如右图所示。

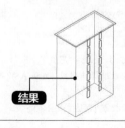

6 效果图

重复步骤**3**~**5**，依次用高度为25000的长方体减去高度为2500的长方体，最后效果如右图所示。

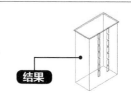

4．绘制窗

1 绘制图形

调用UCS命令，将UCS坐标调整为世界坐标系。选择【绘图】▶【建模】▶【长方体】命令绘制一个长方体，在绘图区域单击任意一点作为第一角点，在命令行输入"@2000，180"作为第二角度，指定高度值为"1300"。效果如下图所示。

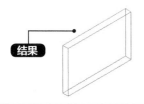

2 选择【移动】命令

选择【修改】▶【移动】命令，对高度为1300的长方体进行移动，使高度为1300的长方体与高度为25000的长方体端点对齐。效果如下图所示。

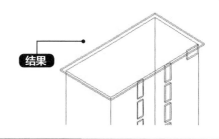

3 重复【移动】命令

重复【移动】命令，对高度为1300的长方体进行移动，在绘图区域单击任意一点作为第一点，在命令行输入"@-2500,0,-300"，效果如下图所示。

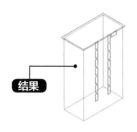

4 将UCS坐标绕"X"轴旋转

调用UCS命令，将UCS坐标绕"X"轴旋转90°。

5 命令行设置

选择【修改】▶【阵列】▶【矩形阵列】命令，对高度为1300的长方体进行阵列，在命令行设置其行数为7行，列数为2列，行距为"-3000"，列距为"-9000"。效果如右图所示。

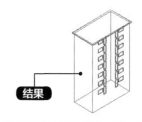

6 选择【修改】命令

选择【修改】➤【分解】命令。选择阵列的长方体。选择【修改】➤【实体编辑】➤【差集】命令，选择要从中减去的实体、曲面和面域，选择高度为25000的长方体，选择要减去的实体、曲面和面域，选择高度为1300的长方体，最终效果如右图所示。

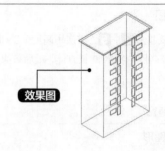

效果图

5. 绘制阳台护栏

1 单击一点作为第一点

调用UCS命令，将UCS坐标调整为世界坐标系。选择【绘图】➤【多段线】命令，在绘图区域任意单击一点作为第一点。

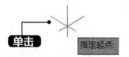

单击　指定起点

3 效果图

效果如下图所示。

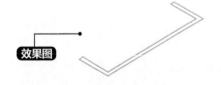

效果图

2 执行操作

在命令行输入"@0,-1500"，按【Enter】键确认，并根据命令行提示执行操作。

命令: _pline
指定起点:
当前线宽为0
指定下一个点或 [圆弧(A)/半宽(H)/长度(L)/放弃(U)/宽度(W)]: @0,-1500
指定下一点或 [圆弧(A)/闭合(C)/半宽(H)/长度(L)/放弃(U)/宽度(W)]: @5000,0
指定下一点或 [圆弧(A)/闭合(C)/半宽(H)/长度(L)/放弃(U)/宽度(W)]: @0,1500
指定下一点或 [圆弧(A)/闭合(C)/半宽(H)/长度(L)/放弃(U)/宽度(W)]: @-180,0
指定下一点或 [圆弧(A)/闭合(C)/半宽(H)/长度(L)/放弃(U)/宽度(W)]: @0,-1320
指定下一点或 [圆弧(A)/闭合(C)/半宽(H)/长度(L)/放弃(U)/宽度(W)]: @-4640,0
指定下一点或 [圆弧(A)/闭合(C)/半宽(H)/长度(L)/放弃(U)/宽度(W)]: @0,1320
指定下一点或 [圆弧(A)/闭合(C)/半宽(H)/长度(L)/放弃(U)/宽度(W)]: c

4 选择创建的多段线

选择【修改】➤【圆角】命令，在命令行中输入"R"设置圆角半径为"180"，然后选择刚才创建的多段线（如右图所示），按【Enter】键确认。

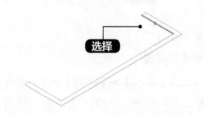

选择

5 选择多段线

选择第二个对象，选择多段线。效果如下图所示。

6 圆角

重复步骤 **5** ~ **6**，对多段线的其他3个角进行圆角，效果如下图所示。

7 选择多段线

选择【绘图】▶【建模】▶【拉伸】命令，对于选择对象选择多段线。

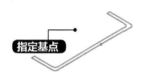

8 指定拉伸高度

按【Enter】键确认，指定拉伸高度为"1200"，效果如下图所示。

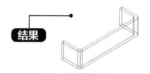

6. 绘制阳台

1 再次调用【多段线】

再次调用【多段线】命令绘制多段线，在绘图区域任意单击一点作为第一点，然后分别指定下一点为"@0,-1320""@4640,0""@0,1320"，最后在命令行输入"C"闭合多段线。对多段线进行圆角，圆角半径指定为"180"，效果如下图所示。

2 选择【绘图】命令

选择【绘图】▶【建模】▶【拉伸】命令，对多段线进行拉伸，指定拉伸高度为"180"，效果如下图所示。

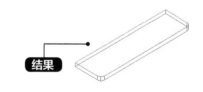

3 选择【修改】命令

选择【修改】▶【移动】命令，选择对象选择刚才拉伸出来的多段线实体，将基点指定为多段线实体的底部端点，如下图所示。

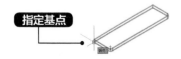

4 效果图

第二点指定为多段线拉伸生成的实体的底部端点，效果如下图所示。

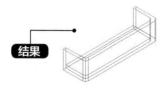

5 将基点指定为护栏端点

选择【修改】➤【移动】命令，对阳台及其护栏进行移动，对于选择对象选择阳台及其护栏，将基点指定为护栏端点。

6 指定第二点

将第二点指定为高度为25000的长方体的端点，如下图所示。

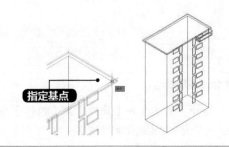

7 将基点指定为护栏端点

重复【移动】命令，对阳台及其护栏进行移动，对于选择对象选择阳台及其护栏，将基点指定为护栏端点。

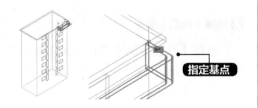

8 在命令行输入"@-1500,0,-1800"

第二点在命令行输入"@-1500,0,-1800"，按【Enter】键后效果如下图所示。

9 调用UCS命令

调用UCS命令，将UCS坐标绕"X"轴旋转90°。

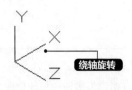

10 命令行设置

选择【修改】➤【阵列】➤【矩形陈列】命令，对阳台及其护栏进行阵列，在命令行设置其行数为"7"，列数为"2"，行距为"-3000"，列距为"-8000"。效果如下图所示。

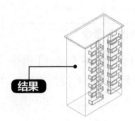

13.2.4 绘制立柱及遮阳板

绘制立柱及遮阳板的具体操作步骤如下。

1. 绘制立柱

1 重复调用UCS命令

重复调用UCS命令，将UCS坐标调整为世界坐标系。

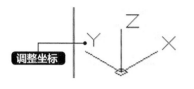

2 指定半径和高度

选择【绘图】▶【建模】▶【圆柱体】命令，在绘图区域单击任意一点作为圆柱的底面中心点，在命令行指定半径为"125"，高度为"3500"。命令行提示如下。

命令: _cylinder
指定底面的中心点或 [三点(3P)/两点(2P)/切点、切点、半径(T)/椭圆(E)]:
指定底面半径或 [直径(D)]: 125
指定高度或 [两点(2P)/轴端点(A)] <180>: 3500

3 效果图

效果如下图所示。

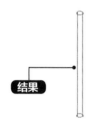

4 选择【修改】菜单命令

选择【修改】▶【移动】菜单命令，对圆柱体进行移动。对于选择对象选择圆柱体，将基点指定为圆柱体底面中心点。

5 指定第二点

指定第二点为高度为25000的长方体的底部端点，效果如下图所示。

6 将基点指定为圆柱体底部中心点

再次调用【移动】命令，对圆柱体进行移动。对于选择对象选择圆柱体，将基点指定为圆柱体底面中心点。

7 输入"@-1600,-2700"

第二点在命令行输入"@-1600,-2700"按【Enter】键，效果如右图所示。

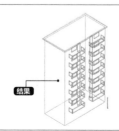

8 将基点指定为圆柱体底部中心点

选择【修改】▶【复制】命令，对于选择对象选择圆柱体，将基点指定为圆柱体底部中心点。

指定基点

9 输入"@-4285,0"

第二点在命令行输入"@-4285,0"按【Enter】键结束命令，效果如下图所示。

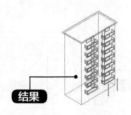

结果

2. 绘制遮阳板

1 命令行提示

选择【绘图】▶【建模】▶【长方体】命令，在绘图区域单击任意一点作为第一角点，在命令行输入"@5000,3000"作为另一角点，输入"250"作为高度值。命令行提示如下。

```
命令: _box
指定第一个角点或 [中心(C)]:
指定其他角点或 [立方体(C)/长度(L)]:
@5000,3000
指定高度或 [两点(2P)] <3500>: 250
```

2 效果图

按【Enter】键后，效果如下图所示。

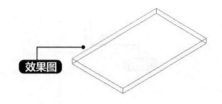

效果图

3 将基点指定为长方体端点

选择【修改】▶【移动】命令，移动创建的长方体进行，对于选择对象选择长方体，将基点指定为长方体端点。

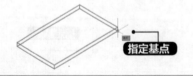

指定基点

4 上端面中心点

下一点捕捉圆柱体的上端面中心点。

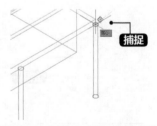

捕捉

5 效果图

效果如右图所示。

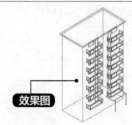

效果图

6 基点为长方体端点

重复【移动】命令，对于选择对象选择长方体，将基点指定为长方体端点。

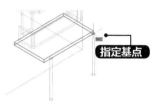

7 在命令行输入"@360,-300"

在命令行输入"@360,-300"作为下一点，按【Enter】键确认后，效果如下图所示。

8 选择【修改】命令

选择【修改】➤【复制】命令，选择绘制的遮阳板。对于基点在绘制区域任意单击一点即可。

9 输入"@-8000,0"

按【Enter】键确认后，在命令行输入"@-8000,0"作为第二点。

```
命令: _copy
选择对象: 指定对角点: ★取消★
找到 0 个
选择对象: 指定对角点: 找到 3 个, 总计 3 个
选择对象:
当前设置: 复制模式 = 多个
指定基点或 [位移(D)/模式(O)] <位移>:
指定第二个点或 [阵列(A)] <使用第一个点作
为位移>: @-8000,0
指定第二个点或 [阵列(A)/退出(E)/放弃(U)] <
退出>:
```

10 结束命令

按【Enter】键结束命令。

13.3 将各部件组合在一起

本节视频教学时间 / 3分钟

将各部件组合在一起的具体操作步骤如下。

1 解冻图层

单击【图层】右侧的下拉按钮，在弹出的下拉列表中单击"楼底层"图层的冻结按钮，对该图层进行解冻。

2 解冻后的状态

解冻后，绘制的楼底模型就在绘图区域显示出来了。

3 将基点指定为楼底模型中点

选择【修改】➤【移动】命令，对楼底模型进行移动，对于选择对象选择楼底模型，将基点指定为楼底模型中点。

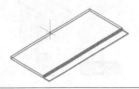

5 效果图

效果如下图所示。

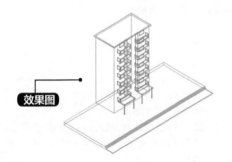

效果图

4 长方体的底部中点

第二点指定为高度为25000的长方体的底部中点。

6 选择对象选择楼底模型

调用【移动】操作，对楼底模型进行移动，选择楼底模型，在绘图区域单击任意一点即可。

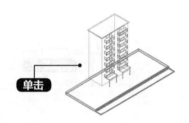

单击

7 输入"@0,6300"

第二点在命令行输入"@0,6300"。

命令: _move
选择对象: 找到 1 个
选择对象:
指定基点或 [位移(D)] <位移>:
指定第二个点或 <使用第一个点作为位移>:
@0,6300

8 效果图

按【Enter】键后，最终效果如下图所示。

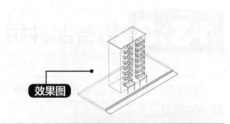

效果图

9 渲染

选择【视图】➤【渲染】➤【渲染】命令，效果如右图所示。

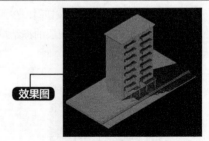

效果图

第 **14** 章
实战秘技

本章介绍AutoCAD 2016与Photoshop CC的协作使用、CAD病
毒专杀，以及在手机和平板电脑中编辑AutoCAD图形的方法。

学习效果图

14.1　与Photoshop协作绘图

本节视频教学时间 / 14分钟

本节介绍AutoCAD与Photoshop配合绘制图形的操作。

14.1.1　AutoCAD与Photoshop配合使用的优点

AutoCAD和Photoshop是两款非常具有代表性的软件，从宏观意义上来讲，这两款软件不论是在功能还是在应用领域方面都有着本质的不同，但在实际应用过程中两款软件却有着千丝万缕的联系。AutoCAD在工程中应用较多，主要用于创建结构图，其二维功能的强大与方便是不言而喻的，但色彩处理方面却很单调，只能进行一些基本的色彩变化。Photoshop在广告行业应用比较多，是一款强大的图片处理软件，在色彩处理、图片合成等方面具有突出功能，但不具备结构图的准确创建及编辑功能，优点仅体现于色彩斑斓的视觉效果上面。将AutoCAD与Photoshop进行配合使用，将可以有效弥补两款软件本身的不足，有效地将精确的结构与绚丽的色彩在一张图片中体现出来。

14.1.2　风景区效果图设计

本节将结合使用AutoCAD和Photoshop软件进行风景区效果图的设计，AutoCAD主要用于模型的创建，而最后的整体效果处理则依赖于Photoshop软件。

1.　风景区效果图设计思路

风景区效果图包含太阳伞模型、桌椅模型以及周围的自然环境。在整个设计过程中可以考虑利用AutoCAD软件将太阳伞模型以及桌椅模型进行绘制，绘制完成后对太阳伞以及桌椅的位置进行合理摆放，并对这些模型的颜色进行相应设置，然后将这些模型转换为图片，再利用Photoshop对图片进行编辑。在Photoshop中可以将模型图片与大自然背景相结合，通过适当的处理达到完美结合的目的。

2.　使用AutoCAD 2016绘制风景区图形

下面主要利用AutoCAD 2016绘制风景区图形中的座椅模型，具体操作步骤如下。

（1）绘制座椅支撑架路径

1 打开素材文件	**2 选择【绘图】菜单命令**
打开随书光盘中的"素材\ch15\风景区模型图.dwg"文件。	选择【绘图】▶【直线】菜单命令，在绘图区域单击任意一点作为线段起点。

3 命令行提示

命令行提示如下。

指定下一点或 [放弃(U)]: @400,0,0

指定下一点或 [放弃(U)]: @0,−400,0 ✓

指定下一点或 [闭合(C)/放弃(U)]: @0,0,400 ✓

指定下一点或 [闭合(C)/放弃(U)]: @0,400,0 ✓

指定下一点或 [闭合(C)/放弃(U)]: @0,0,400 ✓

指定下一点或 [闭合(C)/放弃(U)]: @−400,0,0 ✓

指定下一点或 [闭合(C)/放弃(U)]: @0,0,−400 ✓

指定下一点或 [闭合(C)/放弃(U)]: @0,−400,0 ✓

指定下一点或 [闭合(C)/放弃(U)]: @0,0,−400 ✓

指定下一点或 [闭合(C)/放弃(U)]: c ✓

4 效果图

效果如下图所示。

5 选择【修改】菜单命令

选择【修改】➤【圆角】菜单命令，命令行提示如下。

命令: _fillet

当前设置: 模式 = 修剪，半径 = 0.0000

选择第一个对象或 [放弃(U)/多段线(P)/半径(R)/修剪(T)/多个(M)]: r ✓

指定圆角半径 <0.0000>: 25 ✓

选择第一个对象或 [放弃(U)/多段线(P)/半径(R)/修剪(T)/多个(M)]: m ✓

6 圆角第一个对象

在命令行选择下图所示的线段作为圆角第一个对象。

7 圆角第二个对象

在命令行选择下图所示的线段作为圆角第二个对象。

8 效果图

效果如下图所示。

9 结束【圆角】命令

对其他直角位置进行相同圆角操作，然后结束【圆角】命令，效果如右图所示。

（2）绘制座垫及靠背

1 第一条定义曲线

选择【绘图】▶【建模】▶【网格】▶【直纹网格】菜单命令，在绘图区域选择下图所示的线段作为第一条定义曲线。

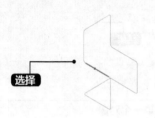

2 第二条定义曲线

在绘图区域选择下图所示的线段作为第二条定义曲线。

3 效果图

效果如下图所示。

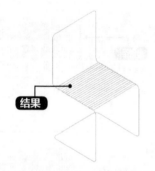

4 对靠背进行绘制

重复步骤 1~2，对靠背进行绘制，效果如下图所示。

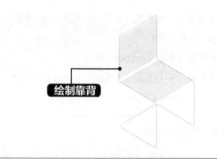

（3）绘制支撑架

1 捕捉端点作为圆心

选择【绘图】▶【圆】▶【圆心、半径】菜单命令，在绘图区域捕捉下图所示的端点作为圆心。

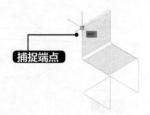

2 圆的半径为"12.7"

圆的半径指定为"12.7"，绘制效果如下图所示。

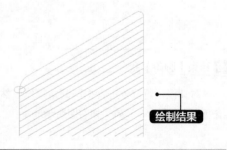

3 选择座垫及靠背部分

选择座垫及靠背部分，如下图所示。

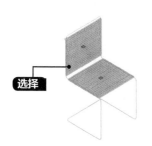

4 效果图

单击鼠标右键，在快捷菜单中选择【隔离】➤【隐藏对象】命令，效果如下图所示。

5 选择圆形为要扫掠的对象

选择【绘图】➤【建模】➤【扫掠】菜单命令，在绘图区域中选择圆形作为要扫掠的对象，并按【Enter】键确认。

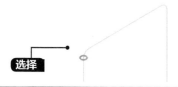

6 选择圆弧作为扫掠路径

在绘图区域中选择圆弧作为扫掠路径。

7 效果图

效果如下图所示。

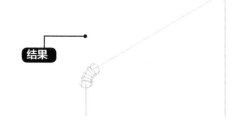

8 选择端面作为拉伸面

选择【修改】➤【实体编辑】➤【拉伸面】菜单命令，在绘图区域中选择下图所示的端面作为拉伸面，并按【Enter】键确认。

9 选择线段作为拉伸路径

在命令行中输入【P】并按【Enter】键确认，然后在绘图区域中选择右图所示的线段作为拉伸路径。

10 效果图

效果如下图所示。

11 相应拉伸

重复步骤**8**~**9**，对其他部分进行相应拉伸，效果如下图所示。

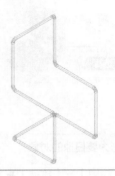

（4）摆放座椅

1 选择【隔离】

在绘图区域空白处单击鼠标右键，在快捷菜单中选择【隔离】➤【结束对象隔离】命令，效果如下图所示。

2 将座椅模型移动到适当位置

选择【修改】➤【移动】菜单命令，将座椅模型移动到适当位置。

3 选择座椅模型作为阵列对象

选择【修改】➤【三维操作】➤【三维阵列】菜单命令，在绘图区域中选择座椅模型作为阵列对象，并按【Enter】键确认。

4 命令行提示

命令行提示如下。

输入阵列类型 [矩形(R)/环形(P)] <矩形>:p ✓

输入阵列中的项目数目:4 ✓

指定要填充的角度 (+=逆时针, -=顺时针) <360>: 360 ✓

旋转阵列对象? [是(Y)/否(N)] <Y>: y ✓

5 阵列中心线第一点

在绘图区域捕捉太阳伞顶部中心点作为阵列中心线第一点。

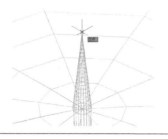

6 阵列中心线第二点

在绘图区域垂直向上拖动鼠标指针并单击以指定阵列中心线第二点。

7 效果图

效果如右图所示。

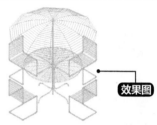

（5）将太阳伞及座椅模型转换为图片

1 效果图

选择【视图】➤【视觉样式】➤【概念】菜单命令，效果如下图所示。

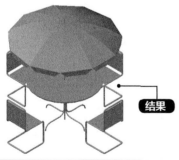

2 【打印-模型】对话框

选择【文件】➤【打印】菜单命令，弹出【打印-模型】对话框，按下图所示进行设置。

3 选择太阳伞为打印对象

打印范围选择【窗口】，并在绘图区域选择太阳伞及座椅模型作为打印对象。

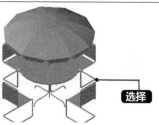

4 【浏览打印文件】对话框

　　单击【确定】按钮，弹出【浏览打印文件】对话框，对保存路径及文件名进行设置后，单击【保存】按钮，效果如右图所示。

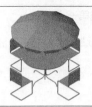

3. 使用Photoshop制作风景区效果图

　　以下主要利用Photoshop制作风景区效果图，具体操作步骤如下。

1 打开素材文件

　　打开随书光盘中的"素材\ch15\风景区背景图.dwg"文件。

2 选择【风景区模型图.jpg】

　　选择【文件】➤【打开】菜单命令，弹出【打开】对话框，选择前面绘制的【风景区模型图.jpg】文件，并单击【打开】按钮，效果如下图所示。

3 单击【魔棒工具】按钮

　　单击【魔棒工具】按钮，在工作窗口中的空白区域处单击，如下图所示。

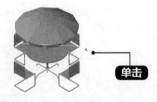

4 选区创建

　　选区创建效果如下图所示。

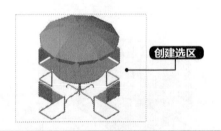

5 效果图

　　选择【选择】➤【反向】菜单命令，选区创建效果如下图所示。

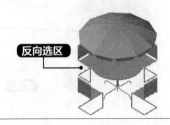

6 组合图形

　　按组合键【Ctrl+C】，然后将当前图形文件切换到【风景区背景图】，再次按组合键【Ctrl+V】，效果如下图所示。

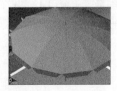

7 调整位置

选择【编辑】▶【自由变换】菜单命令，对太阳伞及座椅模型图片的大小及位置进行适当调整，效果如下图所示。

8 选择白色区域

配合【Shift】键使用【魔棒工具】对太阳伞及座椅模型图片中的所有白色区域均进行选择，如下图所示。

9 效果图

按【Delete】键，效果如右图所示。

14.2 在手机及平板电脑中编辑AutoCAD图形

本节视频教学时间 / 2分钟

使用手机不仅可以查看AutoCAD 文件，还可以编辑及绘制图形，本小节以使用CAD派客云图为例介绍在手机中编辑AutoCAD文件的方法。在平板电脑中编辑Auto CAD图形的方法与此类似

1 新建文件

安装并打开"CAD派客云图"应用程序，注册登录后，新建一个名为"信号灯平面图"的空白文件，如下图所示。

2 绘制矩形

单击手机屏幕左下方的【画笔】按钮 ✎ 按钮，选择【矩形】□，在绘图区单击一点，指定矩形的第一个角点，在屏幕上单击另一点作为第二个角点，绘制矩形。

3 指定半径

单击手机屏幕左下方的【画笔】按钮 ✐ 按钮选择【圆形】 ◔ ，在绘图区单击一点作为圆心，拖动或者单击以指定半径。

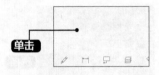

4 选择绘制的圆

选择绘制的圆，可以拖动改变圆的位置，也可以改变圆的大小，如下图所示。

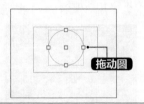

5 绘制竖直直线

单击手机屏幕左下方的【画笔】按钮 ✐ 按钮，选择【直线】 ╱，绘制竖直直线。选择绘制的直线，并将其移动到经过圆心的位置，如下图所示。

6 绘制两条直线

使用同样的方法，绘制两条经过圆心的直线，效果如下图所示。

7 信号灯平面图的绘制

调整绘制线段的长短，完成信号灯平面图的绘制，单击手机屏幕左下方的按钮，如下图所示。

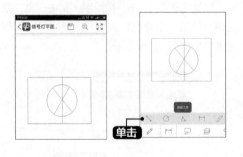

8 进行测量

选择 ╲ 按钮，单击所要测量线段的起点和终点即可进行测量。如下图所示。